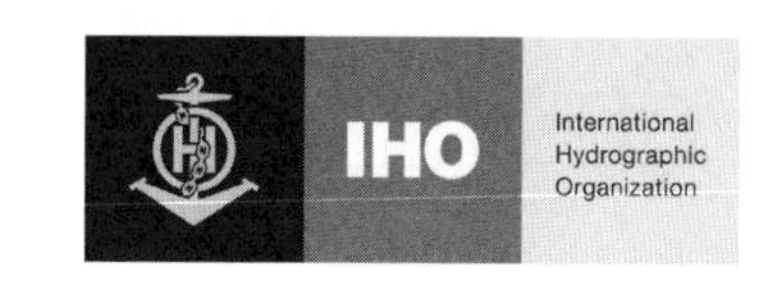

S-129:
富余水深管理信息产品规范（1.0.0版）

S-129: UNDER KEEL CLEARANCE MANAGEMENT INFORMATION PRODUCT SPECIFICATION EDITION 1.0.0

国际海道测量组织 著
陈长林 李明辉 肖付民 卢 涛 洪安东 兰莉莎 崔文辉 译

海洋出版社
2023年 · 北京

图书在版编目(CIP)数据

S-129：富余水深管理信息产品规范：1.0.0版 / 国际海道测量组织著；陈长林等译. -- 北京：海洋出版社，2023.8

ISBN 978-7-5210-1154-8

Ⅰ. ①S… Ⅱ. ①国… ②陈… Ⅲ. ①海洋地理学－地理信息系统－规范 Ⅳ. ①P72-65

中国国家版本馆CIP数据核字(2023)第151832号

责任编辑：杨　明
责任印制：安　淼

海洋出版社 出版发行
http://www.oceanpress.com.cn
北京市海淀区大慧寺路 8 号　邮编：100081
鸿博昊天科技有限公司印刷
2023年8月第1版　2023年9月第1次印刷
开本：889mm × 1194mm　1 / 16　印张：6.75
字数：176千字　定价：50.00元
发行部：010-62100090　总编室：010-62100034
海洋版图书印、装错误可随时退换

《国际海道测量组织 S-100 系列标准》编译委员会

主 任 委 员：赖云俊

副主任委员：于　波　侯　健　谭冀川

委　　　员：徐显强　平　刚　申家双　王　川

编 译 人 员：

S-100：通用海洋测绘数据模型（4.0.0 版）

陈长林

S-101：电子航海图产品规范（1.0.0 版）

陈长林　卢　涛　梁志诚　杨管妍　黄　毅　李庆伟　吴礼龙

S-102：测深表面产品规范（2.1.0 版）

陈长林　梁志诚　李明辉　杨管妍　卢　涛　洪安东　黄贤源

S-111：表层流产品规范（1.1.1 版）

陈长林　梁志诚　贾俊涛　赵　健　卢　涛　洪安东　黄　毅

S-129：富余水深管理信息产品规范（1.0.0 版）

陈长林　李明辉　肖付民　卢　涛　洪安东　兰莉莎　崔文辉

推荐序

今天，人类社会进入数字时代，数据成为重要的生产要素，成为一个国家的战略性资源。数据的标准化则是挖掘数据价值，发挥数据潜力的重要科学保障。作为构成地球表层系统主体的海洋，则是一个复杂的四维动态系统，更是一个“要素多元多维、现象耦合关联、环境复杂多变”的巨系统，如何实现各类地理信息资源的内在有机表达、整合与关联是地学领域需要重点研究的难题之一。

面对海洋空间各类地理信息的融合应用需求，国际海道测量组织（IHO）在充分借鉴 ISO 19100 地理信息系列标准的基础上，结合海洋领域特点加以裁剪或扩展，提出了“1+N+X”（1 个通用模型，N 个应用领域，X 个产品规范）的 S-100 系列标准体系，构成了海洋领域全空间信息建模、表达与应用统一框架，为海洋地理信息系统的蓬勃发展提供了新的契机，也为海陆地理信息深度融合提供了重要机遇。

《国际海道测量组织 S-100 系列标准》丛书出版恰逢其时、意义重大、影响深远。相比于 ISO 19100 地理信息系列标准，S-100 系列标准在某些设计方面更加先进，例如即插即用符号化机制。S-100 系列标准将于 2026 年进入实质性推广应用阶段，到 2029 年将成为国际海事组织（IMO）的强制标准，但目前国内相关知识和技术储备尚无法应对标准体系换代带来的一系列问题。为此，建议国内相关人员尽早开展研究学习，充分消化吸收国际先进理念，集智攻关解决数据生产转换、综合集成和智能应用等难题，积极参与甚至主导后续相关标准规范的制定工作，为加快海洋强国建设、凸显国际责任担当和提高国际影响力发挥应有的贡献。

中国科学院 院士

中国科学院地理科学与资源研究所 研究员

2023 年 9 月 1 日

总序

标准是人类智慧的结晶，是行业发展水平的重要体现，是经济活动和社会发展的技术支撑，是国家基础性制度的重要方面。标准在推动人类发展进步、推进国家治理体系和治理能力现代化中发挥着基础性、引领性作用。海洋测绘标准建设是海洋测绘事业的重要组成部分，是促进海洋测绘事业转型发展、提升海洋测绘服务保障能力、确保海上航行安全的重要基础支撑。

国际海道测量组织（英文缩写 IHO）属政府间技术咨询性国际组织，旨在全球范围内制定海洋测绘数据、产品、服务和技术标准，促进各国标准统一，确保海上航行安全。我国是 IHO 创始成员国之一，对于 IHO 标准具有履约职责和推广应用义务。

作为我国海洋基础测绘主管部门和我国在 IHO 的官方代表机构，中国人民解放军海军海道测量局一直负责我国海洋测绘领域国家标准归口管理，在国家标准化管理委员会指导下，开展涵盖海洋测量、海洋制图、海洋测绘数据库建设、海洋信息标准化处理等方面的国家标准建设。新中国成立 70 多年来，我国海洋测绘标准从无到有，从直接引进转化到自行研究制定，从相对零散到形成体系，先后发布实施了《海道测量规范》《中国海图图式》等九项国家标准和数十项国家军用标准，有效支撑了我国海洋测绘工作，保障了海上航行安全。

当前，IHO 正在持续推动新一代通用海洋测绘数据模型（标准编号为 S-100）落地与应用，为海洋时空信息表达与智能航海应用提供统一框架，基于该标准研究制定系列海洋测绘产品规范（统称为 S-100 系列标准），计划 2025 年开始启用新一代电子航海图标准，推动 S-100 系列标准进入实质应用阶段。为紧跟国际标准发展，完善我国海洋测绘标准体系，中国人民解放军海军海道测量局于 2010 年在国内公开出版了 S-100 标准 1.0 版中文译本，随后紧密开展跟踪研究，于 2018 年初步完成了样例数据解析、转换与显示应用等关键技术攻关，与国际先进水平基本保持同步发展。为深入贯彻落实我国“建设海洋强国”的重大决策部署，加速提升我国海洋地理信息技术水平，考虑 S-100 系列标准已趋于完善，我国海洋测绘标准建设正处于重要转型阶段，中国人民解放军海军海道测量局 2019 年启动新版 S-100 系列标准的翻译出版工作，并于 2021 年形成初步成果。经 IHO 授权，现将相关译稿公开出版，为广大海洋测绘研究与应用人员提供参考。

中国人民解放军海军海道测量局

2023 年 8 月 27 日

本书说明

S-129 产品规范专门面向富余水深管理数据的生产与应用，其基本框架已经成型，主要包括数据内容和结构、坐标系、封装格式、图示表达和元数据等相关内容，可满足测试应用需求。富余水深是船舶吃水深度、水深、潮汐和其他气象条件的综合运用，可用于表达通过特定海域的最大安全吃水深度，或是指定吃水深度的船舶航行窗口。

S-129 产品规范具有如下优点：

（1）采用 S-100 面向对象建模框架，通过复杂属性、信息类型和关联关系的运用，更加清晰地表达现实世界特征，同时，利用 XML（eXtensible Markup Language，可扩展标记语言）作为要素目录表达方式，提高了语义信息的共享与交互能力。

（2）允许使用数字签名算法，可实现版权保护和数字认证。

（3）采用 SVG（Scalable Vector Graphics，可缩放矢量图形）作为基本符号图元，使用 XSL（eXtensible Stylesheet Language，可扩展样式语言）或 LUA 脚本作为图示表达引擎，能够以“即插即用”方式实现符号库更新，无须对软件进行改造即可实现扩展。

本译稿在以下两个方面进行了特殊处理：

（1）S-129 产品规范中含有大量的类名或属性名，保留其原有英文表达更符合实际应用需求，但是对部分读者而言可能会带来阅读不便问题。为此，本书翻译过程采用一种折中处理方式：以双引号囊括类名或属性名，当有必要时在其后加上一个括号，括号内写明其主要含义，特别是当第一次出现该类名或属性名时。

（2）部分标题上同时保留了中文和英文，以便读者在查阅资料时能够在译稿中快速匹配对应内容。

如果发现译稿中存在翻译错误或者不准确之处，敬请批评指正，相关意见建议可发至电子邮箱：gisdevelope@126.com。

IHO 授权信息

目录

1 概述

1.1 引言

IHO S-100 工作组根据要求编制了此文档，用于生产包含富余水深管理信息（UKCM）的数据集，可用作电子海图显示和信息系统（ECDIS）中的航海出版物信息叠加层（NPIO）。本产品规范基于 IHO S-100 框架规范和 ISO 19100 系列标准。

S-129 是一份矢量产品规范，旨在对 UKCM 信息产品的范围和性质进行编码，以用于航行。符合本规范的 UKCM 产品的应用范围不只限于导航系统。

S-129符号显示（示意图）

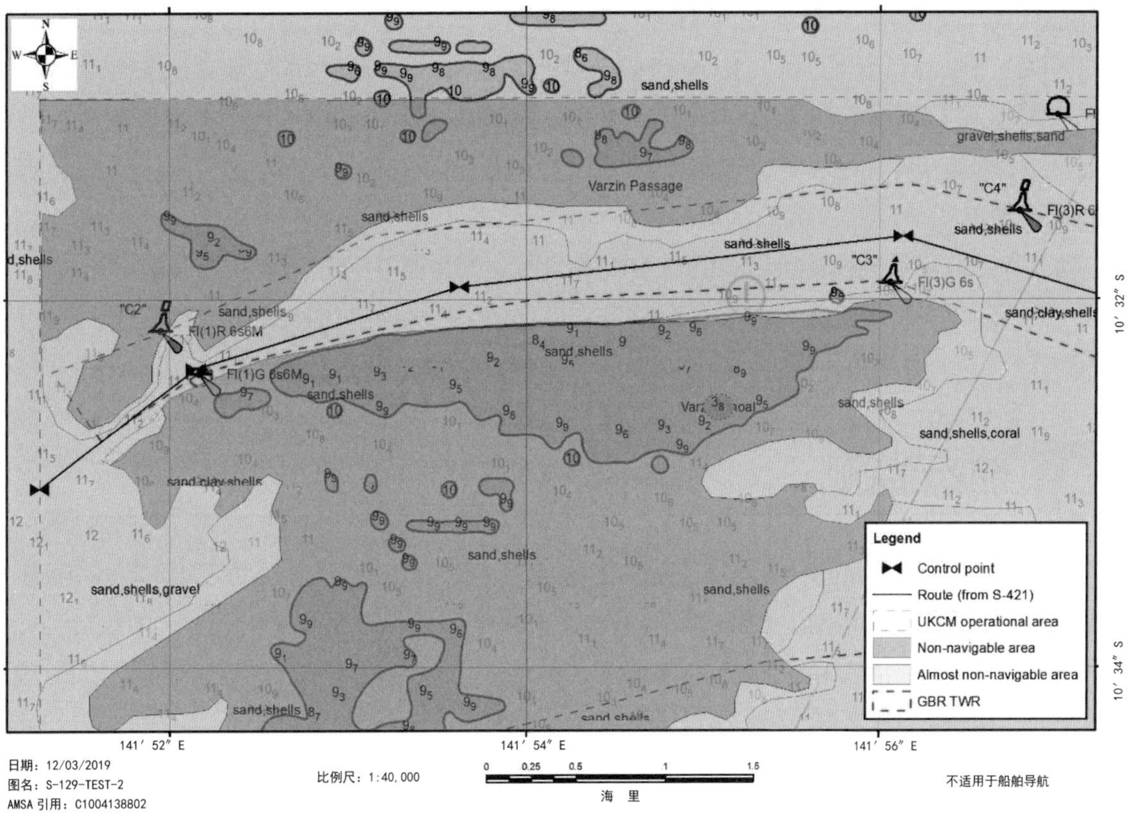

图1-1　S-129 UKCM描绘的示例

《国际海上人命安全公约》（SOLAS）第五章第 34 条规定，船长有责任对其船舶从一个泊位到另一个泊位的航程进行规划。该产品规范能够促使 UKCM 信息为 UKCM 用户提供服务。

1.2 通过 UKC 运行区的初步航行计划

制定船舶航行计划需确定时间段，以便在恰当潮汐条件下通过 UKCM 运行区的时间段。UKCM

供应商根据可能的到港时间范围完成计算，制定预备计划，其中包含一个或多个指定吃水深度的时间窗口，供船长从中选择。

1.3 通过 UKC 运行区的精化航行计划

船长会选择一个时间窗口，通过 UKCM 运行区，并告知 UKCM 供应商。船舶还会向 UKCM 供应商发送有关航行的最新信息（例如稳定性和吃水信息）。UKCM 供应商使用专门的船舶和航道特定模型，其中包括预报和观测的环境条件（如潮汐、风、浪、潮流等），为船舶生成一个实际计划。

“实际计划”包括船舶通过 UKCM 运行区的路线以及一个或多个控制点。控制点实际上是航路点，包括时间窗口信息。实际计划为船舶提供了必要的航行信息，以使船舶在给定时间安全通过 UKCM 运行区。

为便于后勤保障计划实施，可以将实际计划与其他各方共享，如船东、管理公司、租船人或相关港口的船舶代理商。船舶代理商可以联系相关航道管理机构，进行必要的预订，例如引航员或泊位。

船舶靠近 UKCM 运行区时，UKCM 供应商将检查 UKCM 运行区内的主要环境条件，并确认实际计划的有效性。实际计划可能会因天气预报、潮高或船舶信息的变化而进行相应更改。需要更改时，可以使用实际更新进行替换、取消实际计划。船舶可通过该检查过程控制船速，以达到执行实际计划所需的时间窗口。

“实际计划更新”必须包含船舶可在 UKCM 运行区浅水区内开始安全航行的最早和最晚时间点信息，同时必须保持所需的富余水深（请注意航道管理机构对船舶在 UKCM 运行区内作业设定的最低 UKC 要求）。实际计划更新还包括所有相关的不可通航区和基本不可通航区。

1.4 航行监测

当引航员登上船舶（如适用），且船舶进入 UKCM 运行区时，船舶导航系统可以显示实际更新信息。

引航员（如适用）通常使用便携式引航员装置（PPU），该装置也会显示船舶的 UKC 计划，其中包括 UKCM 供应商提供的不可通航区和基本不可通航区。船舶导航系统显示的相同信息有利于船员帮助引航员在 UKCM 运行区内航行，同时保持必要的 UKC。

UKCM 供应商接收传输船舶 AIS 数据，以便根据船舶速度、当前天气、潮汐和其他海况，发送包含不可通航区和基本不可通航区的实时更新数据集，以及在必要时发送更新版航线和控制点。

船舶的船员和引航员（如适用）能够实时或近实时监测船舶导航系统上被计算为非通航的区域和基本不可通航区。显示为基本不可通航区的目的是向船舶驾驶人员和引航员（如适用）表明：船舶到达这些位置时可通航区已接近不可通航区。

如果存在船舶交通服务（VTS），可以根据实际计划和/或实际更新，监测船舶的通行并支持其航行。

船舶完成货物作业后，如果船舶因吃水问题必须使用本地 UKCM 系统才能离开港口，那么当地 UKCM 供应商同样会协助船舶通过 UKCM 运行区安全离港。

2 引用文件

2.1 规范性引用文件

以下规范性文件包含了一些规定，通过这些引用的规定构成了本文档的规定。

IHO S-100	IHO Universal Hydrographic Data Model, Edition 4.0.0 – December 2018	IHO 通用海道测绘数据模型，4.0.0 版，2018 年 12 月
IHO S-101	IHO Electronic Navigational Chart (ENC), Edition 1.0.0 – December 2018	IHO 电子海图产品规范，1.0.0 版，2018 年 12 月
IHO S-102	IHO Bathymetric Surface Product Specification, Edition 1.0.0 – April 2012	IHO 测深表面产品规范，1.0.0 版，2012 年 4 月
IHO S-104	IHO Water Level Information for Surface Navigation, Edition 0.0.6 – December 2018	IHO 水面导航水位信息，0.0.6 版，2018 年 12 月
IHO S-421	IEC Route Plan Exchange Format, Edition and date TBC	国际电工委员会航线计划交换格式，版本及日期待定
IHO S-52	IHO Specifications for Chart Content and Display Aspects of ECDIS, Edition 6.1.1 – October 2014 (with clarifications up to June 2015)	IHO ECDIS 海图内容和显示规范，6.1.1 版，2014 年 10 月（最新更新于 2015 年 6 月）
ISO 10646:2017	Information technology – Universal Coded Character Set (UCS) +Amd1 (2017) and Amd2 (2017)	信息技术—通用字符集（UCS）+ 修订版 1（2017）与修订版 2（2017）
ISO/IEC 15948	Information technology – Computer graphics and image processing – Portable Network Graphics (PNG): Functional specification	信息技术—计算机图形和图像处理—可移植网络图形（PNG）：功能规范
ISO 19101:2014	Geographic information – Reference model	地理信息—参考模型
ISO 19103:2015	Geographic information – Conceptual schema	地理信息—概念模式
ISO 19107:2003	Geographic information – Spatial schema	地理信息—空间模式
ISO 19108:2002	Geographic information – Temporal schema +Corr1 (2006)	地理信息—时间模式 + 更正版 1（2006）
ISO 19109:2005	Geographic information – Rules for application schema	地理信息—应用模式规则
ISO 19110:2016	Geographic information – Methodology for feature cataloguing	地理信息—要素编目方法
ISO 19111:2003	Geographic information – Spatial referencing by coordinates+Corr1 (2006)	地理信息—基于坐标的空间参照 + 更正版 1（2006）

续表

ISO 19115-1:2014	Geographic information – Metadata Part 1: Fundamentals +Amd1 (2018)	地理信息—元数据第 1 部分：基础 + 修订版 1（2018 年）
ISO 19117:2012	Geographic information – Portrayal	地理信息—图示表达
ISO 19125-1:2004	Geographic information – Simple feature access – Part 1: Common Architecture	地理信息—简单要素访问—第 1 部分：通用架构
ISO 19136:2007	Geographic information – Geography Markup Language (GML)	地理信息—地理标记语言（GML）
ISO 19136-2:2015	Geographic information – Geography Markup Language (GML)	地理信息—地理标记语言（GML）
ISO/IEC 8211:1994	Information technology – Specification for a data descriptive file for information exchange	信息技术—信息交换用数据描述文件规范
ISO 8601-1:2019	Date and time – Representation for information interchange – Part 1: Basic rules	时间与日期—信息交换表示法—第 1 部分：基本规则
ISO 8601-2:2019	Date and time – Representation for information interchange – Part 2:Extensions	时间与日期—信息交换表达—第 2 部分：扩展
ISO 639-2:1998	Codes for the representation of names of languages – Part 2: Alpha-3 code	语种名称代码—第 2 部分：3- 字母代码

3 术语、定义和缩略语

3.1 语气的使用

在本文档中：

- “必须”（Must）表示强制性（mandatory）要求；
- “应该”（Should）表示可选（optional）要求，即推荐处理，不具有强制性；
- “可以”（May）表示“允许”（allowed to）或“或许”（could possibly），不具有强制性。

3.2 术语和定义

S-100 框架基于 ISO 19100 系列地理标准。此处提供的术语和定义是为了尽可能将该框架中的术语标准化。这些术语和定义摘自条款 2.1 中引用的文件。在必要时进行了修改。

实际计划 Actual Plan

实际计划是某条船在某 UKCM 运行区内的特定航行计划，其包含了一条由多个地理控制点确定的航线，每个控制点都附加了时间窗口，也含了不可通航区和基本不可航行区。

实际更新 Actual Update

实际更新是一份替代的实际计划。

基本不可通航区 Almost non-navigable area

是指在 UKCM 运行区内的一类区域，特定船舶在该区域内的 UKC 计算结果接近航道的 UKC 限差。

控制点 Control Point

是指某船在通过某 UKCM 运行区内的航线上的一些地理位置点，该船必须在 UKCM 供应商计算的时间范围或时间窗口（即开始和结束时间）内通过 UKCM 运行区。

坐标 Coordinate

用 n 个有序数组表示一个点在 n 维空间中的位置。

注释　在一个坐标参照系中，坐标数值由单位限定。

坐标参照系 Coordinate Reference System

通过基准与现实世界相关联的坐标系。

注释　对大地基准和垂直基准而言，关联对象是地球。

要素 Feature

对现实世界现象的抽象。

注释 1　要素可以通过类型或实例的形式出现。当仅表达一种含义时，应使用要素类型或要素实例。

注释 2　在 UML2 中，“feature”（特性）表示诸如操作或属性之类的特性，它封装为类元中列表的一部分，例如接口、类或数据类型。

[ISO 19101、ISO/TS 19103、ISO 19110]

要素属性 Feature Attribute

要素的特征。

注释 1　要素属性可以通过类型或实例的方式出现。当仅表达一种含义时，应使用要素属性类型或要素属性实例。

注释 2　要素属性包括名称、数据类型及与其相关的值域。某个要素实例的要素属性也具有一个来自其值域的属性值。

注释 3　在要素目录中，要素属性可能包含值域，但不指定要素实例的属性值。

示例 1　一个名为“colour”（颜色）的要素属性可能有一个属于“text”（文本）数据类型的“green”（绿色）属性值。

示例 2　一个名为“length”（长度）的要素属性可能有一个属性值为“82.4”，数据类型为“Real”（实型）。

导航面 Navigation Surface

一种数据对象，表示水深测量和相关不确定度，此类对象可被操作、组合并用于多项任务的方法，已经过航海安全认证。

不可通航区 non-navigable area

UKCM 运行区内的一类区域，特定船舶在该区域内的 UKC 计算结果小于航道的 UKC 限差。

预备计划 Pre-plan

预备计划是一组潮汐窗口，可用于船舶以指定吃水深度通过 UKCM 运行区。

海面 Sea Surface

表示海气界面的二维（水平面）场，包含着高频波动，如风浪和涌浪，但不包括天文潮。

注释　包括海水、湖泊、水道、通航河流等。

示例　海面、河面和湖面。

UKC 计划 UKC Plan

UKC 计划分为三种：预备计划、实际计划和实际计划更新。

UKCM 运行区 UKCM Operational Area

是指可以实施 UKCM 服务的地理区域，在该区域内可以获得 UKCM 信息。

UKCM 服务 UKCM Service

一种助航的手段，有助于提高航行的安全性和效率。其数据建模可能包含了详细的水深、预报和实时的环境数据以及船舶特定信息和运动状态信息，从而向特定船舶提供给定时间和航道的实时和/或预报信息。

3.3 缩略语

本产品规范使用以下缩略语：

AIS	Automatic Identification System	自动识别系统
BAG	Bathymetric Attributed Grid	海底地形属性格网
ECDIS	Electronic Chart Display and Information System	电子海图显示与信息系统
ENC	Electronic Navigational Chart	电子航海图
GML	Geography Markup Language	地理标记语言
IEC	International Electrotechnical Commission	国际电工委员会
IHO	International Hydrographic Organization	国际海道测量组织
ISO	International Organization for Standardization	国际标准化组织
UKC	Under Keel Clearance	富余水深
UKCM	Under Keel Clearance Management	富余水深管理
UML	Unified Modelling Language	统一建模语言
UTC	Coordinated Universal Time	协调世界时

4 规范说明

4.1 S-129 通用数据产品说明

本条款包含有关数据产品的通用信息。

标题： UKCM 信息产品规范

摘要： UKCM 服务通常与 ENC（S-101）和航线（S-421）配合使用，辅助船舶安全通过浅水区。S-129 UKCM 产品规范详细介绍了 UKCM 供应商提供的常规信息。

内容： 符合规范的数据产品包含了与 UKCM 相关联的要素。具体内容由要素目录和应用模式定义。

空间范围：

说明： 全球海洋区域。

用途： 针对 UKCM 用途进行生产。

4.2 数据产品规范元数据

注释 此信息唯一标识本产品规范，提供规范的创建和维护信息。数据集元数据的详细信息参见元数据条款。

标题： 国际海道测量组织富余水深管理信息产品规范

S-100 版本： 4.0.0

S-129 版本： 1.0.0

日期： 2019 年 6 月

语言： 英语

密级： “unclassified”（非保密）

联系方式： International Hydrographic Organization
4b quai Antoine 1er,
B.P. 445
MC 98011 MONACO CEDEX
电话：+377 93 10 81 00
传真：+377 93 10 81 40
电子邮箱：info@iho.int

网址： www.iho.int

标识符： S-129

维护： 对 S-129 产品规范的修改由 IHO S-100 工作组（S-100WG）负责协调，必须通过

IHO 网站发布。产品规范的维护必须符合“IHO 技术决议 2/2007 修订版”。

4.3 IHO 产品规范维护

4.3.1 引言

IHO 是以新版、修订或更正的形式公开发布 S-129 的订正。详见下文。

4.3.2 新版

新版 S-129 包含重大修改。新版可以支持新概念，例如支持新功能或应用，或引入新的结构或数据类型。新版可能会对现有用户或潜在用户产生重大影响。所有累积的更正和修订必须包括在经批准发布的新版 S-129 产品规范中。

4.3.3 修订

修订是对 S-129 的实质性语义修改。通常，修订会修改现有规范以更正事实错误；引入因实践经验或环境变化而变得显而易见的必要修改。修订绝不能归类为更正。修订可能会对现有用户或潜在用户产生影响。所有累积的更正都必须收录在批准的该版修订中。

修订中的改动幅度很小，需确保与同一版次（edition）之前版本（version）向后兼容。例如，增加新要素和新属性时，可以发布修订版。同一版次中，旧版本数据集往往可采用新版本的要素目录和图示表达目录处理。多数情况下，一个新的要素目录或图示表达目录均需发布修订版。

4.3.4 更正

更正是针对 S-129 的非实质性修改。通常，更正包括：消除歧义；纠正语法和拼写错误；修改或更新交叉引用；在拼写、标点和语法中插入改进图形。更正不得对 S-129 进行任何实质性语义修改。

更正中的改动幅度很小，需确保与同一版次（edition）之前版本（version）向后兼容。同一版次中，更正版本数据集往往可采用新版本的要素目录和图示表达目录处理，并且图示表达目录往往基于上一版本的要素目录。

4.3.5 版本号

S-129 版本编号必须遵循以下规则：

新版表示为 *n*.0.0

修订表示为 n.*n*.0

更正表示为 n.n.*n*

5 规范范围

该产品规范针对的是一种产品，因此仅有一个范围。

范围 ID：　富余水深管理数据集

级别：　MD_ScopeCode–005

级别名称：　Dataset（数据集）

级别说明：　应用于数据集的信息

覆盖范围：　EX_Extent.description: 全球范围的海洋区域

6 数据集标识

本节介绍如何标识符合本产品规范的数据集。符合本产品规范的富余水深数据集使用以下通用信息进行区分：

标题：　富余水深管理

摘要：　一种包含特定地理区域和一组时间段的富余水深数据文件的数据集，并附有描述该数据集内容、变量、适用时间和位置以及结构的元数据。在富余水深管理中，数据包括被评估为航行安全的水深和窗口，在这些窗口内，这些基于观测值或数学预报值的评估（值）是有效的。

首字缩略词：UKCM

地理描述：　EX_GeographicDescription: 例如，区域的官方名称

空间分辨率：MD_Resolution>equivalentScale.denominator（整型）或
MD_Resolution>levelOfDetail（字符串），例如，“所有比例尺”。

用途：　将富余水深管理数据作为 ENC 中的一个层

语言：　英语
其他值（如有）需使用 ISO 639-2 中的字符串值

密级：　Unclassified（非保密）
其他值（如有）需使用 ISO 639-2 中的字符串值

联系信息：　CI_Responsibility

使用限制：　在陆地上无效

7 数据内容和结构

7.1 引言

本部分涉及如下内容：

- 采用 UML2.0 表示的应用模式，如图 7-2“S-129 数据模型”所示；
- 关联要素目录（包含在附录 C 中）；
- 数据集类型，提供每种要素类型的完整说明，包括属性、属性值和数据集中的关系；
- 数据集的加载和卸载；
- 几何。

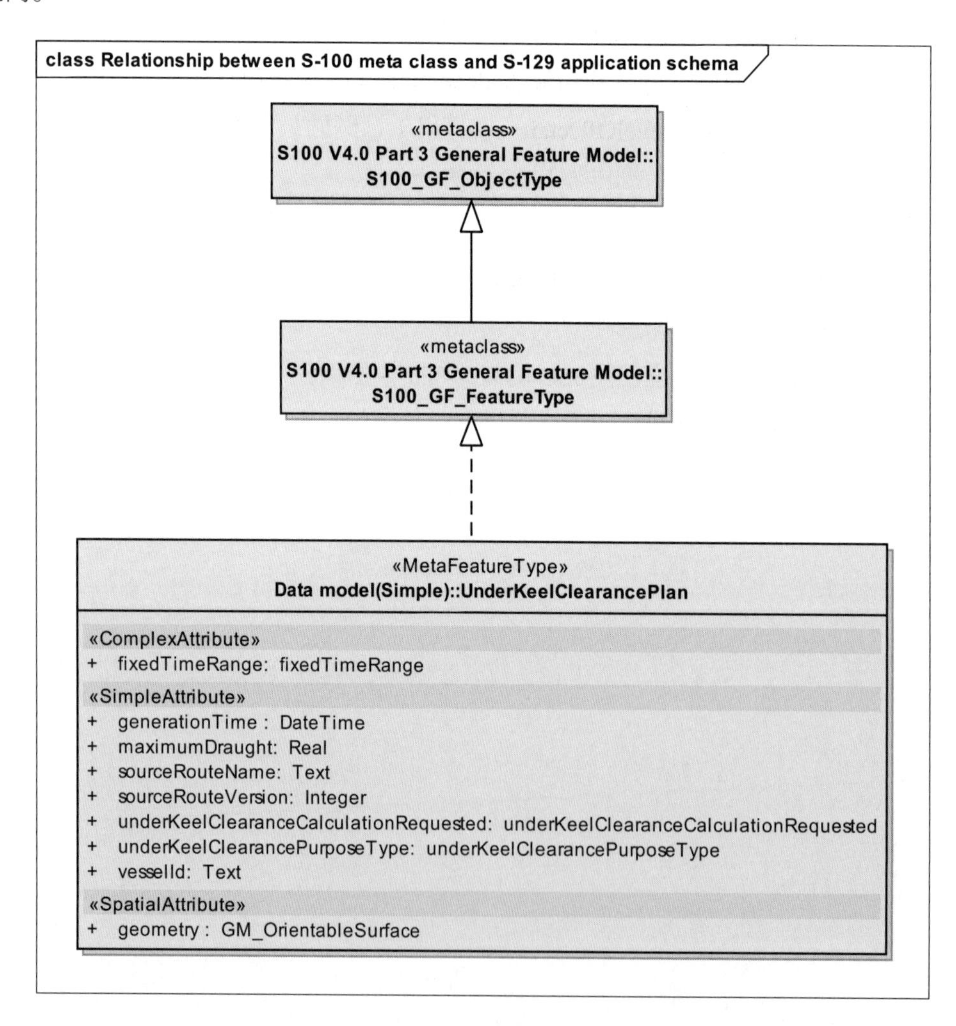

图7-1 S-100元类和S-129应用模式之间的关系

S-129 要素基于 S-100 通用要素模型（General Feature Model，GFM），是一种基于要素的矢量产品。图 7-1 给出了 S-129 应用模式与 S-100 GFM 之间的关系。

S-129所有的要素都是从S-129应用模式中定义的元要素“UnderKeelClearancePlan”（富余水深计划）

派生而来，“UnderKeelClearancePlan”是 GFM 元类“S100_GF_FeatureType”（要素类型）的实现。

S-129 数据集通常与 ENC 一起使用，有时也与 S-102 测深表面数据集一起使用。S-101 提供相关背景信息，S-129 数据集提供与 UKCM 相关的其他专用信息。

数据集内容在船舶航行期间随时间不断改变。可以通过替换对数据集进行更新。“ukcPurpose”（UKC 用途）属性记录数据集的预期用途。可能的值为“pre-plan”（预备计划）、“actual plan”（实际计划）和“actual plan update”（实际计划更新）。

7.1.1 数据集用途

7.1.1.1 预备计划数据集

“pre-plan”（预备计划）数据集用于航行的预备计划，根据船舶的特定吃水深度，提前几天或几周生成一组到达港或航道潮汐窗口，供船舶使用。在这种情况下，UKCM 服务很可能仅简单地根据水位和当前潮流预报模型、其他天气统计信息和标准的假定航线，计算潮汐窗口。

7.1.1.2 实际计划数据集

“actual plan”（实际计划）数据集是在更接近到港 / 离港时间（大约 24 小时之前）生成的，为海员（船员和 / 或引航员）提供详细的航行计划。根据更频繁和 / 或更精确的天气预报 / 观测结果生成该计划。

7.1.1.3 实际计划更新数据集

“actual plan update”（实际计划更新）数据集包含更多的最新信息，可能需要每 5 ~ 10 分钟需要进行一次更新。这些数据集包括航线、基本不可航行区、不可通航区和原版“UnderKeelClearancePlan”（富余水深计划）要素。数据集根据最新的天气情况和（可选）实际船舶位置、航向和航速（例如 UKCM 供应商通过船舶发送的 AIS 信号接收到的信息）进行更新。

7.1.2 数据集用例

UKCM 数据集通过替换整个数据集进行更新。哪些数据需要更新，多长时间需要更新一次，取决于 UKC 计算的用途 [如“ukcPurpose”（UKC 用途）属性所示]。以下是典型的更新方案，但可能会因当地情况而有所不同。

在预备计划的用例中，船舶需要提前几天或几周，根据其特定的吃水深度请求某一到达港或航道的一组潮汐窗口。此种情况下，UKCM 服务可以根据预测的潮汐、预报的可航行深度（包括安全 / 机动性余量、船舶最大吃水深度、船速和动态吃水预测值、其他预报环境条件和标准的假定航线）计算潮汐窗口。在这种情况下，UKCM 服务可以返回单个数据集，通常直到船舶进入 UKCM 区域之前大约 24 小时才需要更新。

船舶进入 UKCM 区前大约 24 小时，需要更详细的 UKC 计划。该计划通常会考虑更多的最新信息，并需要更频繁地进行更新。这种情况下，不可通航区和基本不可通航区、潮汐窗口（途经的航路点）以及一些元数据都将改变。根据海况的变化，更新频率为 10 ~ 60 分钟。

随着船舶越来越接近 UKCM 区域，此用例再次发生变化，成为实际计划，需要更多最新信息，大约 5 ~ 10 分钟一次。这种情况下很可能需要更新数据集中的所有信息，包括航线、通航和不可通航区以及原版“UnderKeelClearancePlan”（富余水深计划）要素。数据集将根据最新的观测和预报信息，以及（可选的）实际船位、航向和航速（例如 UKCM 服务中通过 AIS 信号接收到的信息）进行更新。

7.2 应用模式

图 7-2 给出了 S-129 的 UML 数据模型。

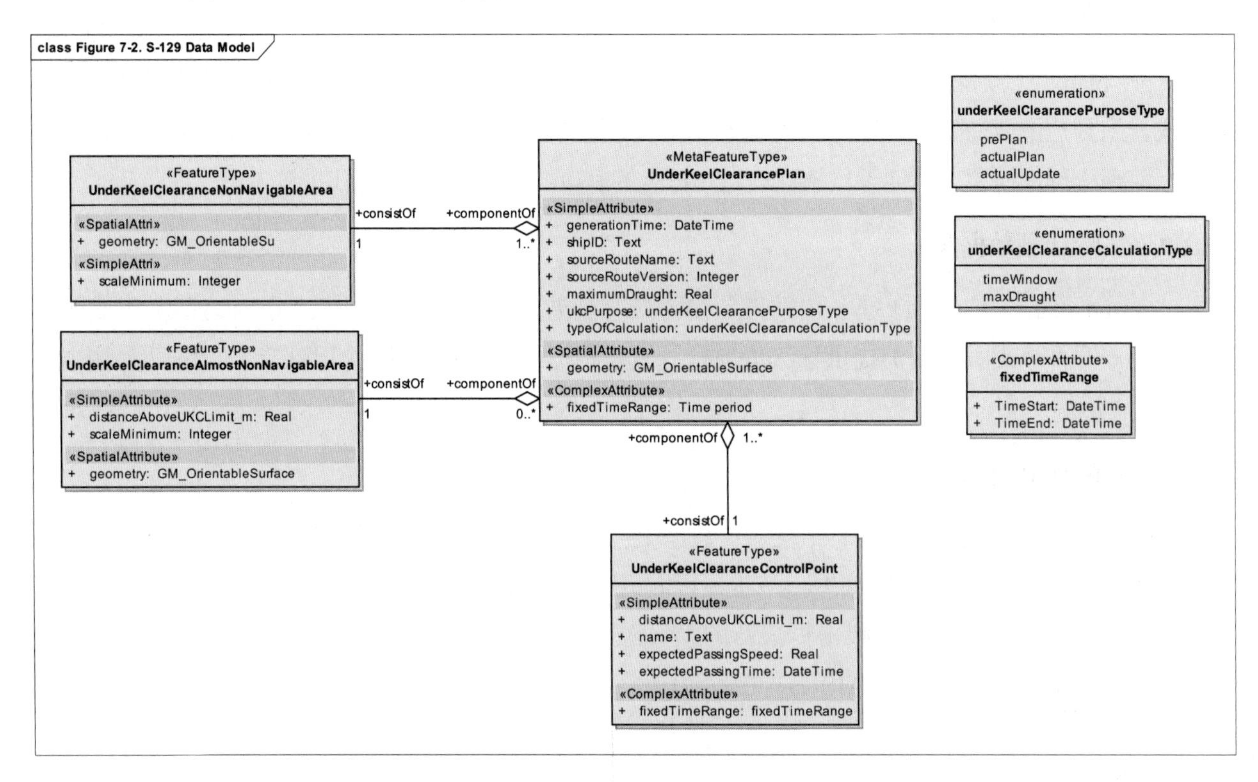

图7-2　S-129数据模型

7.2.1 要素类型

7.2.1.1 富余水深计划（UnderKeelClearancePlan）

角色	名称（英文）	名称（中文）	说明	多重性	数据类型	备注
类	UnderKeelClearancePlan	富余水深计划	针对特定船舶和特定航路计算出的UKC计划		MetaFeatureType	
简单属性	generationTime	生成时间	该计划生成的时间	[1]	DateTime	
简单属性	shipID	船舶 ID	用于此计算的船舶的唯一标识	[1]	Text	
简单属性	sourceRouteName	源航线名称	用作此计算来源的航线的标识	[1]	Text	使用 S-421.Route. routeInfoName 的值
简单属性	SourceRouteVersion	源航线版本	用作此计算来源的航线的标识	[1]	Integer	使用 S-421.RouteHistory. routeHistoryEditionNo 的值
简单属性	maximumDraught	最大吃水深度	最大船舶吃水深度（单位为米），用作此计算的基础	[1]	Real	
简单属性	ukcPurpose	ukc 用途	当前计算的用途	[1]	underKeelClearancePurposeType	
简单属性	typeOfCalculation	计算类型	计算类型	[1]	underKeelClearanceCalculationType	
空间属性	geometry	几何	富余水深管理区域的边界	[1]	GM_OrientableSurface	几何对象，根据 S-100 标准的几何类
复杂属性	fixedTimeRange	固定时间范围	时间段	[1]	fixedTimeRange	

7.2.1.2 富余水深不可通航区（UnderKeelClearanceNonNavigableArea）

角色	名称（英文）	名称（中文）	说明	多重性	数据类型	备注
类	UnderKeelClearanceNonNavigableArea	富余水深不可通航区	深度小于计算出的安全界限的区域		FeatureType	该区域具有时间依赖维度
简单属性	scaleMinimum	最小比例尺	整型	[1]	Integer	
空间属性	geometry	几何	几何对象，根据 S-100 标准的几何类	[1]	GM_OrientableSurface	用于描述 UKCM 服务区域

7.2.1.3 富余水深基本不可通航区（UnderKeelClearanceAlmostNonNavigableArea）

角色	名称（英文）	名称（中文）	说明	多重性	数据类型	备注
类	UnderKeelClearanceAlmostNonNavigableArea	富余水深基本不可通航区	深度小于计算出的安全界限的区域		FeatureType	该区域具有时间依赖维度
简单属性	distanceAboveUKCLimit_m	超出 UKC 界限的距离 _m		[1]	Real	
简单属性	scaleMinimum	最小比例尺	整型	[1]	Integer	
空间属性	geometry	几何	几何对象，根据 S-100 标准的几何类	[1]	GM_OrientableSurface	用于描述 UKCM 服务区域

7.2.1.4 富余水深控制点（UnderKeelClearanceControlPoint）

角色	名称（英文）	名称（中文）	说明	多重性	数据类型	备注
类	UnderKeelClearanceControlPoint	富余水深控制点	特别选定的关键航路点或航线		FeatureType	
简单属性	distanceAboveUKCLimit_m	超出 UKC 界限的距离 _m		[0..1]		
简单属性	name	名称	字符串	[0..1]	Text	
简单属性	expectedPassingSpeed	预计通过速度	浮点	[0..1]	Real	
简单属性	expectedPassingTime	预计通过时间	日期时间	[0..1]	DateTime	
复杂属性	fixedTimeRange	固定时间范围		[0..1]	FixedTimeRange	

7.2.2 要素关系

	源	多重性	目标	多重性	角色
聚合	UnderKeelClearanceNonNavigableArea 富余水深不可通航区	[1]	UnderKeelClearancePlan 富余水深计划	[1..*]	源角色 -consistOf 目标角色 -componentOf
聚合	UnderKeelClearanceAlmostNonNavigableArea 富余水深基本不可通航区	[1]	UnderKeelClearancePlan 富余水深计划	[0..*]	源角色 -consistOf 目标角色 -componentOf
聚合	UnderKeelClearanceControlPoint 富余水深控制点	[1]	UnderKeelClearancePlan 富余水深计划	[1..*]	源角色 -consistOf 目标角色 -componentOf

7.2.3 复杂属性

7.2.3.1 FixedTimeRange（固定时间范围）

角色	名称（英文）	名称（中文）	说明	多重性	数据类型	备注
复杂属性	fixedTimeRange	固定时间范围				
属性	TimeStart	开始时间	日期时间	[1]	DateTime	
属性	TimeEnd	结束时间	日期时间	[1]	DateTime	

7.2.4 枚举

名称（英文）	名称（中文）	说明	多重性	数据类型	值
underKeelClearancePurposeType	富余水深用途分类	UKC 计划的类型	[1]	Enumeration	1：prePlan 预备计划 2：actualPlan 实际计划 3：actualUpdate 实际更新
underKeelClearanceCalculationType	富余水深计算类型	如何计算此计划的说明	[0..1]	Enumeration	1：timeWindow 时间窗口 2：maxDraught 最大吃水深度

8 要素目录

8.1 引言

根据 ISO 19110，目录包含了可在空间数据集中出现的一个或多个空间对象类型、属性和关联部件的定义和说明，还有它们可应用的操作。

“要素目录”（Feature Catalogue，FC）指的是对现实的抽象说明，可用于描述一个或多个地理数据集。S-129 的要素目录用 GML 描述第 7.2 节中的应用模式信息，并由 IHO 的“要素目录生成器”（Feature Catalogue Builder，FCB）验证。

要素目录描述了 UKCM 数据集中可能包含的要素、信息类型、属性、属性值、关联和角色。S-129 要素目录以 XML 进行描述，XML 符合 S-100 XML 要素目录模式。S-129 要素目录详见“要素目录”，可从 IHO 网站下载（http://s100.iho.int/S100/productspecs）。

8.2 要素类型

要素是对现实世界现象的抽象表示。要素具有两方面—要素类型和要素实例。要素类型是在要素目录中定义的类。要素实例是要素类型的单次体现，在数据集中以对象的形式表示。

通过与一个或多个空间实例的关系来定位要素实例。在该规范中，如果不参照空间实例，则可能不存在要素实例。

8.2.1 地理

一个“地理”（Geographic，Geo）要素类型具有现实世界实体的描述性特征。地理要素类型构成数据集的主要内容，由其关联属性和信息类型完整定义。

8.2.2 元

元要素包含了关于数据集内其他要素的信息。元要素给出的信息优先于默认元数据的值（由数据集描述记录定义）。单个要素的元属性优先于元要素属性。必须最大程度地使用元要素，减少单个要素的元属性。

8.2.3 要素关系

要素关系是一种要素类型实例与其他相同或不同要素类型实例之间的联系。尽管 S-100 中有四种定义的要素关系，但 S-129 仅使用其中一种——聚合。

8.2.3.1　聚合

聚合是两个或两个以上要素类型之间的关系，其中聚合由组件要素组成。

示例　UKC 计划要素可能由多个 UKC 不可通航区要素组成，以指示不安全区域。

8.2.4　属性

S-100 将属性定义为简单属性或复杂属性。

8.2.4.1　简单属性

S-129 使用 5 种类型的简单属性，如表 8-1 所示。

表 8-1　属性类型

类型	定义
Enumeration 枚举	一组具有助记词的有效标识符的列表
Real 实型	由一个小数和一个指数组成的有正负的浮点数
Integer 整型	带正负号的整数，整数长度是有界的，且依赖于用法
CharacterString 字符串	任意长的字符序列，包含取自采用字符集中的重音符和特殊字符
DateTime 日期时间	日期时间是日期和时间类型的组合。日期时间的字符编码必须遵循 ISO 8601-1:2019 和 ISO 8601-2:2019

8.2.4.2　复杂属性

复杂属性是其他简单或复杂属性的聚合。聚合通过属性绑定定义。S-129 只有一个复杂属性——“fixedTimeRange”（固定时间范围），它具有“timeStart”（开始时间）和“结束时间”（timeEnd）两个简单属性。

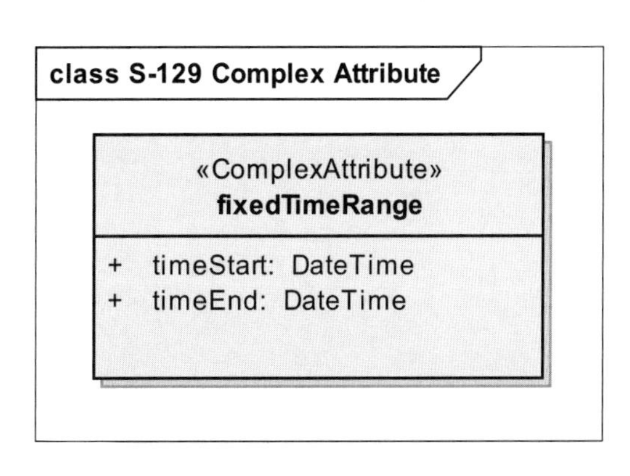

图8-1　S-129复杂属性

8.3 度量单位

S-129 产品规范中使用以下度量单位：

- 船舶吃水深度，单位为米
- 船长，单位为米
- 水深，单位为米
- 方向，单位为十进制度

9 数据集类型

UKCM 数据集包括 UKC 计划、控制点以及不可通航区和基本不可通航区。这些数据集通常与 ENC 一起使用，也可按需与 S-102 测深表面数据集一起使用。数据集内容在船舶航行期间随时间而变化。可以通过替换对数据集进行更新。

10 数据集加载和卸载

S-129 数据集旨在叠加在 ENC 上，始终与 ENC 数据一起在后台显示。支持 S-129 数据集显示的系统应为用户提供简易开关，供用户控制 S-129 数据集的显示。

所有 S-129 数据集均与比例尺无关，可在 UKCM 区域全比例尺范围的基础海图数据内使用。数据集中的各种要素实例可能包括“scaleMinimum”（最小比例尺）属性，但是这些属性不会更改数据的分辨率或有效性，仅会更改数据是否应在特定的显示比例下可见。

可视情将 S-129 数据集视为 ENC 和 S-102 组合数据集的叠加层。同样要求允许用户能够轻松打开或关闭 S-129 数据集。

11 几何

S-129 数据集中的几何符合 S-100 几何 3a 级别，限制为 2 维几何。

12 坐标参照系（CRS）

12.1 引言

S-100 标准中要素的位置是通过将要素与位置相关联的坐标进行确定的。

水平坐标参照系：	EPSG:4326（WGS84）
投影：	无
时间基准：	公历
坐标参照系注册系统：	EPSG 大地测量参数注册系统
日期类型（根据 ISO 19115）：	002-publication（出版）
责任方：	国际油气生产商组织（IOGP）
网址：	http://www.iogp.org

12.2 水平参照系

对于 S-129 数据集，水平 CRS 必须是椭球（大地）系统 EPSG:4326（WGS84）。可以在 www.epsg-registry.org 上找到对 EPSG:4326 的完整参考。

12.3 垂直参照系

垂直坐标是从其原点向上（即远离地球中心）的方向——垂直基准——单位为米。也就是说，相对于垂直基准的水位正值，指的是此水位在垂直基准上方。这与 S-102 版本 1.0.0 中的测深 CRS 一致。垂直基准不是椭球体，而是下列之一：（a）海平面（在条款 3.2 中定义）；（b）垂直、水深或海图基准（MSL，LAT 等）；（c）海底。

12.4 时间参照系

时间参照系是公历日期和 UTC（世界协调时）时间。时间是根据 ISO 19108:2002 时间模式条款 5.4.4，通过参照公历日期和钟表时间进行测量的。所有日期和时间变量必须遵循 ISO 8601-1:2019 和 ISO 8601-2:2019 中指定的格式。

- 日期变量为 8 字符格式：yyyymmdd。
- 时间变量为 7 字符格式：hhmmssZ。
- 日期 - 时间变量为 16 字符格式：yyyymmddThhmmssZ。

13 数据质量

13.1 引言

UKCM 服务区域通常是被高分辨率和最新水深数据覆盖的区域，并具有可用的预报和观测（即实时）海洋气象数据。

用于生成符合本产品规范的产品所需水深、潮汐和其他气象海洋数据由官方来源提供，使用本产品规范范围之外的质量保证程序。因此，该信息视为高质量信息，并由有关机构采用的流程加以保证。

用于航行的 UKCM 产品质量取决于输入数据的综合质量，包括观测数据和预报数据（例如水深、潮汐、水位、洋流、潮流等）以及船舶位置数据。难以将与 UKCM 服务所使用的许多数据输入相关的质量信息生产为一个被海员理解的、有意义的质量度量。

数据有效性有时间限制，这也是为 UKCM 产品提供有意义的数据质量度量方法不可行的另一个原因。

UKCM 产品在页边空白处会对不确定度问题作专门的说明，保证在规定有效期内的船舶安全。

14 数据采集和分类

S-129 数据分类和编码指南（DCEG）指定了 UKCM 数据集的编码规则，用于到达和通过 UKCM 区域的行程的各个阶段。该文档可在附录 A 中找到。

15 维护

数据集维护取决于当地条件和 UKCM 供应商政策。通常情况下，船舶通过 UKCM 区域期间会向船舶发送几种 UKCM 信息产品，确保船舶掌握正确的最新 UKCM 信息。

15.1 维护和更新频率

在预备计划中，UKCM 服务会根据预报潮汐、预测的可航行水深（包括安全 / 机动性余量）、船舶最大吃水、船速和动态吃水预测值以及其他预报环境条件和标准的假定航线计算出一组潮汐窗口。在这种情况下，UKCM 服务可以返回单个数据集，通常直到船舶进入 UKCM 区域之前大约 24 小时才需要更新。

船舶进入 UKCM 区前大约 24 小时，需要更详细的 UKC 计划。该计划通常会考虑更多的最新信息，并需要更频繁地进行更新。根据海况的变化，更新频率为 10 ~ 60 分钟。

随着船舶越来越接近 UKCM 区域，船舶将需要更多最新信息，UKCM 产品数据集可能每 5 ~ 10 分钟更新一次。

15.2 数据源

创建 UKCM 产品数据集时使用的数据源根据每个 UKCM 区域的不同而异。数据源信息可能包括高分辨率海底地形数据，观测或预报水位、海流、潮流和气象数据。该信息会整合到一个包含船舶详细信息的模型中，例如吃水深度，速度和位置，从而生成为每艘船舶量身定制的 UKCM 产品数据集。

15.3 生产过程

UKCM 产品数据集的生产过程会因每个 UKCM 区域使用的环境传感器而改变，也可能因船舶通行的航段而改变。

16　图示表达

附录 D 中的图示表达目录（PC）定义了如何对 S-129 数据集进行图示表达。图示表达目录规定了显示 S-129 要素所需的符号和图示表达规则。

图示表达目录包含将要素映射到符号的图示表达函数、符号定义、颜色定义、图示表达参数和图示表达管理概念（例如可视组）等。

17　数据产品格式（编码）

S-129 数据集的 GML（地理标记语言）编码基于 GML 3.2.1 的 S-100 专用标准。详见 S-100 版本 4.0.0 第 10b 部分。

S-129 编码模式详见本文档附录 B。

格式名称：	GML
版本：	3.2.1
字符集：	UTF-8
规范：	GML 3.2.1 的 S-100 版本 4 0.0 专用标准

17.1　纬度和经度编码

纬度和经度的值必须精确到小数点后 9 位。坐标必须按照以下格式编码为十进制数。编码由 S-100 GML 模式数据集标识记录中定义的乘法因子字段指示。

17.1.1　十进制坐标编码

坐标值应编码为十进制数字，小数点后有 7 位数字或更少。规范编码以度为单位，精度为 10^{-7} 度（即小数点后 7 位）。小数点必须由“.”字符表示。

生产商可以自行忽略小数点后的后补零（如合适，还有小数点本身），但精度表示必须符合要求（例如默认精度坐标为 10^{-7} 度）。

数据集结构信息字段中（在 coordMultFactorX] 和 [coordMultFactorY] 内）保存的纬度和经度乘法因子，必须设置为与编码相对应的值（例如 {1} 表示十进制编码的坐标）。

示例　经度 42.0000 转换为：X = 经度 × coordMultFactorX = 42.0000 × 1 = 42.000000000。

17.2　数值属性编码

浮点型和整型属性值不得包含前导零。浮点属性值不得包含无意义的后补零。

17.3　文本属性值

字符串必须使用 ISO 10646-1 中定义的字符集，以 Unicode Transformation Format-8（UTF-8）进行编码。

17.4 必选属性值

可以将属性值视为必选的四个原因：

- 它们决定一个要素是否在显示库中。
- 如果没有特定属性，某些要素就没有逻辑意义。
- 确定符号显示所必需的属性。
- 某些属性是航海安全所必需的。

所有必选属性均在要素目录中标识，并在“附录 A　数据分类和编码指南”中给出了概述。

17.5 未知属性值

如果存在必选属性代码或标签，但属性值缺失，则表示生产商希望指示该属性值为未知。缺失的必选属性必须将 GML “nilReason”（空缺原因）属性设置为“nilled”（空），并给出省略的原因。

对于可选属性，如果其值未知或缺失，则必须完全省略。它们一定不能为“nilled”（空）。

17.6 数据集文件结构

17.6.1 对象序列

每个数据集文件中数据对象的顺序如下：

1）数据集标识信息 Dataset identification information

2）数据集结构信息 Dataset structure information

3）引用几何的空间记录 Spatial records

　a）点 Point

　b）多点 Multi point

　c）曲线 Curve

　d）组合曲线 Composite curve

　e）曲面 Surface

4）信息对象 Information objects

5）要素对象（几何可以内联编码或通过引用进行编码） Feature objects

　a）元要素 Meta features

　b）地理要素 Geo features

6）S-129 集合对象 S-129 Collection objects

17.7 对象标识符

要素记录名称必须提供要素记录的全球唯一标识符。记录名称是对象的“featureObjectIdentifier”（要素对象标识符）元素的子字段“agency”（机构），“feartureObjectiveIdentifier”和“featureIdentificationSubdivision”（要素标识符细分）元素的组合。

该模式要求要素、信息类型、集合对象、元要素和几何（内联或外部）具有“gml：id”属性，并且属性值在数据集中是唯一的。必须将“gml：id”值用作同一数据集或另一个数据集中另一个对象的对象引用。

17.8 数据集验证

XML 模式和验证测试允许重复或省略字段。由于 XML 模式无法对条件必选的存在或属性的规则进行编码，因此可以通过 Schematron 规则或其他验证代码来检核这些规则。

17.9 数据重叠

S-129 数据集不得在时间上重叠，但可在空间上与其他 S-129 数据集重叠。

17.10 数据质量

一个或多个“QualityOfNonbathymetricData”（非测深数据质量）要素必须覆盖此数据集。

18 数据产品分发

18.1 引言

本部分规定了 S-129 数据集的编码和分发机制。符合该产品规范的数据必须通过交换集进行分发。

分发单元：　　交换集

传输规模：　　无限制

介质名称：　　数字数据传输

其他分发信息：

每个数据集必须包含在传输介质上物理独立、唯一标识文件中。

每个交换集都有一个单独的交换目录，包含了每一个数据集的发现元数据和支持文件的引用信息。

支持文件包含补充信息，这些信息通过属性链接到要素和信息类型。在应用模式和要素目录中对包含这些链接的属性进行了描述。

为适合于传输信息，交换集利用传输编码映射方法进行封装。编码将交换集的每个元素转换为适合写入媒介和用于传输的逻辑形式。除交换集内容（如媒介标识、数据范围等）之外，编码还可以定义其他元素，也可定义加密和压缩方法之类的商业结构。

根据所需的详细程度，尤其是包含不可通航区和基本不可通航区时，可以相应地构造 S-129 文件，从而最大程度地提高传输效率。

此外，如果文件传输花费的时间太长，则可使用 S-100 第 15 部分中提供的指南压缩 S-129 文件。

可以预料到的是，根据禁区的复杂程度和范围，36 海里 ×10 海里区域的未压缩 S-129 文件大小可能在 0.7 ~ 2.5 MB。此类文件的压缩版本可以将文件大小减小至 28 ~ 93 KB。

如果对数据进行了转换（例如出于加密或压缩目的），则其内容不得更改。

本产品规范定义了各方之间数据传输必须采用的默认传输编码。

交换集元素如下：

必选元素：

- S-129 数据集——要素 / 属性及其关联几何和元数据的 GML 编码。
- 交换目录——交换集目录要素 [发现元数据] 的 XML 编码表示。

可选元素：

- 补充文件——交换集中包含的文件，并且数据集内的名称对应的映射和物理位置在交换目录中定义。
- 要素目录——如果有必要向终端用户分发最新的要素目录，可以使用 S-129 数据集交换集机制完成（即将更新的要素目录包含在交换集中）。
- 图示表达目录——如果有必要向终端用户分发最新的图示表达目录，可以使用 S-129 数据集交换集机制完成（即将更新的图示表达目录包含在交换集中）。

S-129 交换集结构符合 S-100 第 4a 部分中未经任何修改的图 4a-D-3。

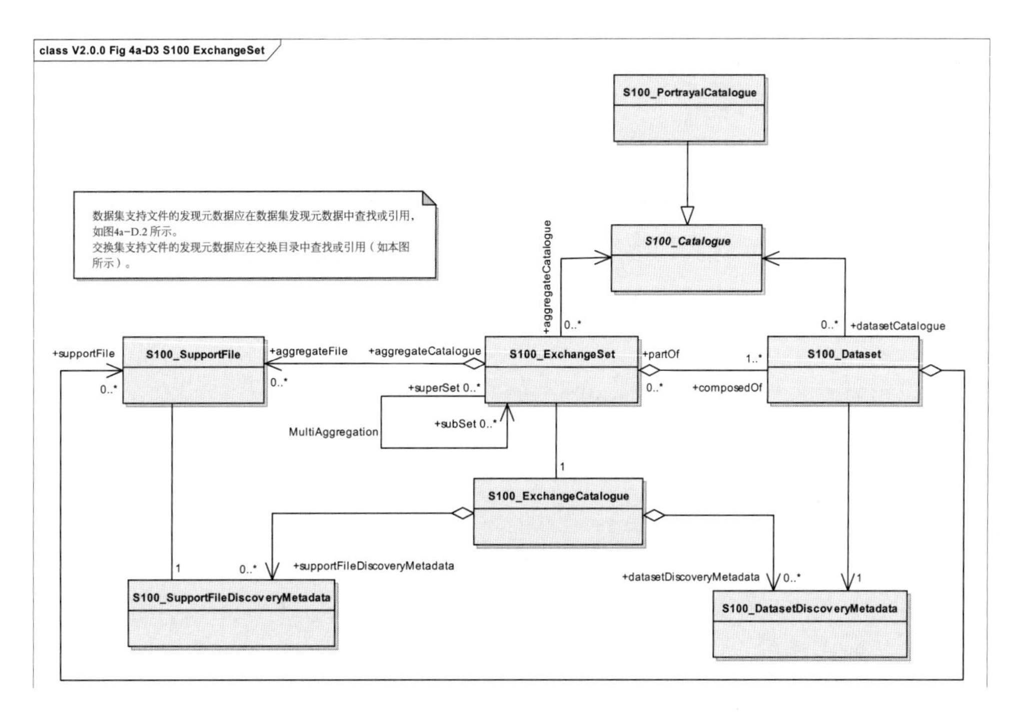

图18-1 交换集结构

18.1.1 目录文件命名规则

交换目录充当交换集的目录。交换集的目录文件必须命名为 CATALOG.XML。交换集中的其他文件都不得命名为 CATALOG.XML。交换目录文件详见条款 19.5。

18.2 数据集

18.2.1 数据集分发

数据集以文件形式分发，文件是按本产品规范中所述结构构成的交换集的一部分。分发媒介或传输方法由生产商和 / 或分发商自行决定。

可以生产以下类型的数据集文件并将其包含在交换集中：

1. 新版数据和新版数据集（基础数据集）。新版数据集的名称必须与旧版数据集保持一致。新版还可以包含先前同一 UKCM 运行区的数据。编码结构包含在附录 B 中。

2. 作废数据集。收到新版数据集或富余水深“validTimeEnd”（有效时间）已过有效期，数据集应视为作废。

18.2.2 数据集规格

本规范没有对 UKCM 数据集文件大小进行限制。后续测试可能会有建议文件的规格限制。

18.2.3 数据集文件命名

数据集文件应命名为：

129XXXXYYYYYYYY.GML

文件名构成唯一标识符，其中：

- 前 3 个字符始终为“129”，表示将该数据集为 S-129 数据集。
- 第 4 至第 7 个字符表示符合 IHO S-62 的发行机构（必选）。
- 第 8 至第 15 个字符是可选的，生产商可以采用任何方式用于建立唯一文件名标识命名规则。不需要用到所有字符。数据集名称中允许使用以下字符：A ~ Z，0 ~ 9 和特殊字符“_”（下划线）。
- GML——字符序列“GML”或“gml”。

18.3 支持文件

唯一允许的 S-129 支持文件类型是可选文件，用于描述计算 S-129 数据集所需使用的航线。航行过程中应尽可能减少航线变更，只有改变航线时才会用到支持文件。S-129 数据集中的特定航线文件用以下简单属性标识：

- sourceRouteName（源航线名称）
- SourceRouteVersion（源航线版本）

表 18-1　支持文件格式

文件类型	扩展	注释
XML		
	RTZ	用于航线交换的一种 XML 文件格式，按照 IEC 61174 附录 S 的第 4 版所指定要求
		用于航线交换的一种 XML 文件格式，按照 S-421 发布时所指定要求

注释　IEC 61174 附录 S 中指定的航线文件交换格式目前（2019 年）正在开发成为基于 S-100 的产品规范 S-421。S-421 将为在 ECDIS（电子海图显示和信息系统）或其他导航系统中与 S-129 一起使用的航线计划提供相关指南。

支持文件命名

文件应命名如下：

129XXXXYYYYYYYY.EEE

文件名构成唯一标识符，其中：

- 前 3 个字符始终为“129”，表示该数据集为 S-129 数据集。
- 第 4 至第 7 个字符表示符合 IHO S-62 的发行机构（必选）。
- 第 8 至第 15 个字符是可选的，生产商可以采用任何方式用于建立唯一文件名标识命名规则。不需要用到所有字符。数据集名称中允许以下字符：A ~ Z，0 ~ 9 和特殊字符“_”（下划线）。
- EEE——支持文件扩展名（注：必须符合该文件格式）。

19 元数据

19.1 引言

S-129 UKCM 元数据描述基于 S-100 元数据文档，该部分是 ISO 19115 标准的专用标准。这些文档提供了用于描述数字地理数据的结构，定义了元数据元素、一组通用元数据术语、定义和扩展程序。

该产品规范中描述了两个元数据包：数据集元数据和交换集元数据。

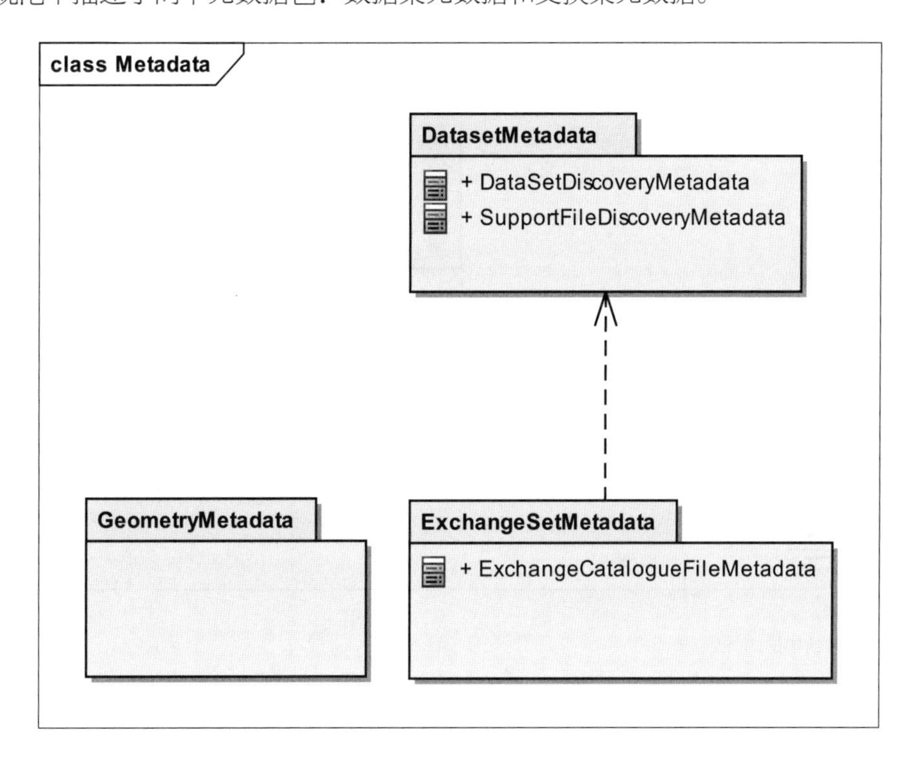

图19-1　元数据包

注释 1　带有“CI_”“EX_”和“MD_”前缀的类型来自 ISO 19115 定义的包，并且被 S-100 采纳。带“S100_”前缀的类型来自 S-100 中定义的包。

注释 2　数据集作废时，“purpose”（用途）元数据字段设置为“3”（作废），而“editionNumber”（版次号）元数据字段设置为 0。所有其他元数据字段必须置为空。

注释 3　只采用新版进行更新意味着，如果某一支持文件作废，则启用新版数据集。

19.2 使用 S-421 在 UKC 计划中制定航线

提供 UKCM 服务，尤其是 UKC 航线计划，使用 S-421 生成通过 UKCM 区域的船舶航线。图 19-2 显示了 S-129 和 S-421 之间的关系。

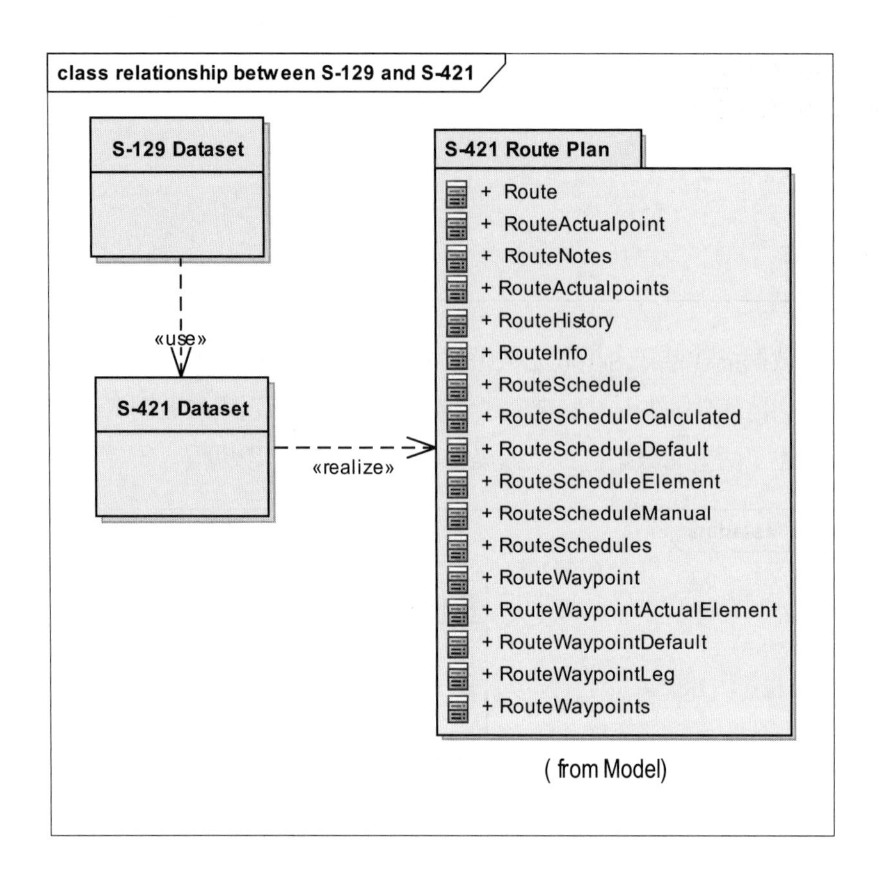

图19-2　S-129和S-421之间的关系

19.3 语言

元数据使用的语言是英语。

19.4 数据集元数据

数据集元数据旨在描述数据集信息。它促进了数据的管理和利用，也是理解数据集特性的重要先决条件。尽管数据集元数据通常较为全面，但仍然需要元数据元素的约束子集，通常用于发现目的。发现元数据通常用于构建 Web 目录，可以帮助用户确定产品或服务是否满足其需求，以及从何处获得该产品或服务。

注释 1　带有“CI_”“EX_”和“MD_”前缀的类型来自 ISO 19115 定义的包，并且被 S-100 采纳。带“S100_”前缀的类型来自 S-100 中定义的包。

注释 2　数据集作废时，“purpose”（用途）元数据字段设置为“3”（作废），而“editionNumber”（版次号）元数据字段设置为 0。所有其他元数据字段必须置为空。

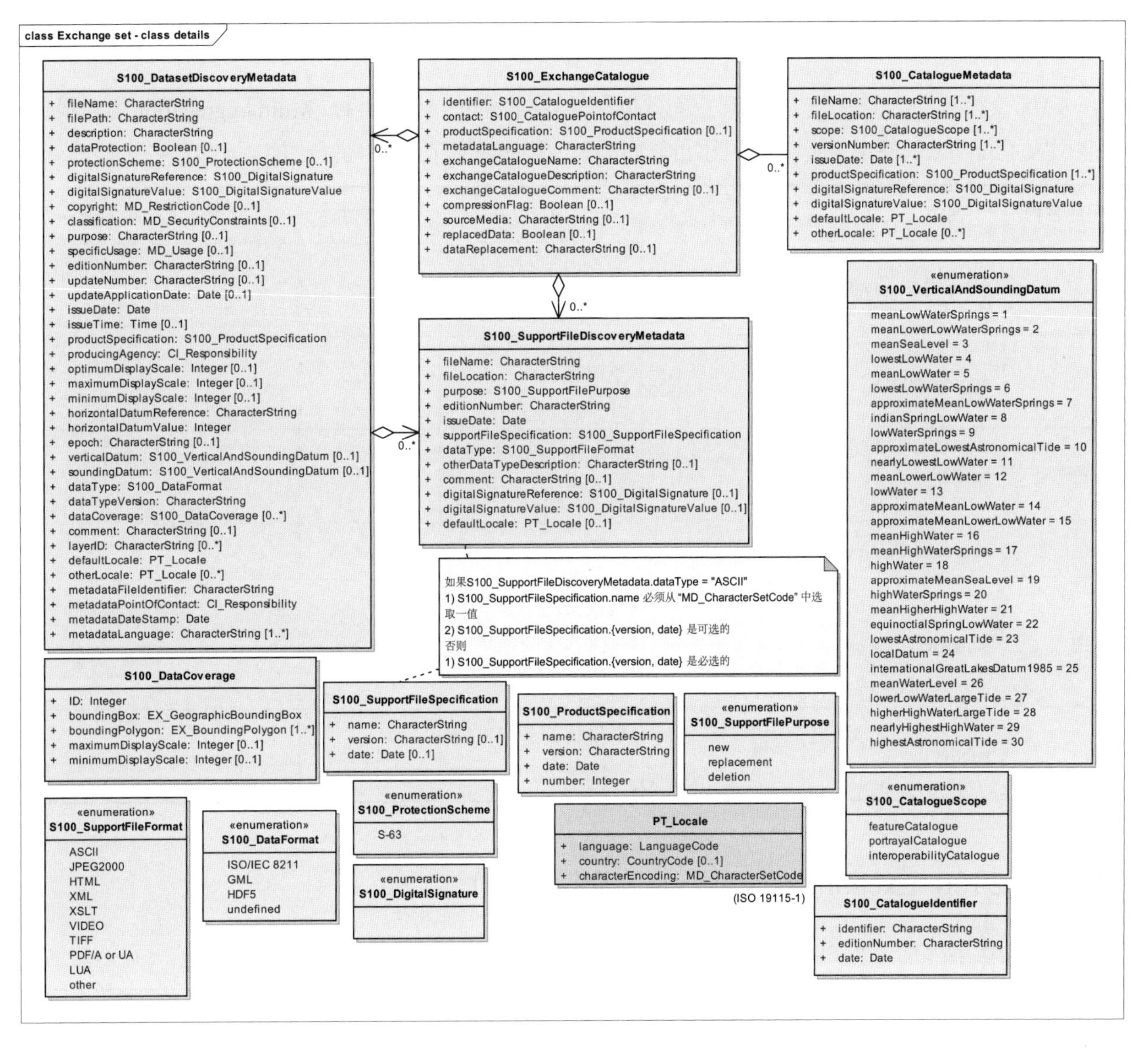

图19-3　S-129交换目录和发现元数据

注释 1　带有“CI_”“EX_”和“MD_”前缀的类型来自 ISO 19115 定义的包，并且被 S-100 采纳。带“S100_”前缀的类型来自 S-100 中定义的包。

注释 2　数据集作废时，“purpose”（用途）元数据字段设置为“3”（作废），而“editionNumber”（版次号）元数据字段设置为 0。所有不适用的但强制的元数据字段必须置为空。

19.5　S100_ExchangeCatalogue（交换目录）

19.5.1　交换集包含的元素

每个交换集都有一个“S100_ExchangeCatalogue”，包含交换集内数据和支持文件的元数据信息。

19.5.2 S100_ExchangeSet（交换集）

S-100 交换集是各类用于支持地理空间数据和元数据交换的元素集合。“MultiAggregation”（多聚合）关联引入了面向域的使用子集概念，比如按比例尺、生产商或者区域等进行组织。

角色名称	名称（英文）	名称（中文）	说明	多重性	类型	备注
类	S100_ExchangeSet	S100_ 交换集	包含用于数据传输的交换集元素聚合	–	–	–
角色	aggregateFile	集合文件	交换集中支持文件的集合	0..*	–	
角色	partOf	部分	数据集的集合，是交换集的一部分	0..*	–	
角色	aggregateCatalogue	目录集合	目录的集合	0..*	–	
角色	superSet	超集	交换集的总容器，可以包含交换集的一个子集	0..*		
角色	subSet	子集	交换集，是超集的一部分	0..*		

19.5.3 S100_ExchangeCatalogue（交换目录）

每个交换集都有一个“S100_ExchangeCatalogue”，包含交换集内数据和支持文件的元数据信息。

角色名称	名称（英文）	名称（中文）	说明	多重性	类型	备注
类	S100_ExchangeCatalogue	S100_ 交换目录	交换目录包含有关交换数据集以及支持文件的发现元数据	–	–	–
属性	identifier	标识符	交换目录的唯一标识符	1	S100_CatalogueIdentifier	
属性	contact	联系	此交换目录发行商的详细信息	1	S100_CataloguePointOfContact	
属性	S100_SupportFileSpecification	S100_ 支持文件规范	用于创建该文件的规范	1	S100_SupportFileSpecification	对使用相同产品规范的所有数据集为条件必选

续表

角色名称	名称（英文）	名称（中文）	说明	多重性	类型	备注
属性	metadataLanguage	元数据语言	语言信息	1	CharacterString	
属性	exchangeCatalogueName	交换目录名称	目录文件名	1	CharacterString	CATALOG.XML
属性	exchangeCatalogueDescription	交换目录说明	交换目录内容描述	1	CharacterString	
属性	exchangeCatalogueComment	交换目录备注	其他补充信息	0..1	CharacterString	
属性	compressionFlag	压缩标志	数据是否被压缩	0..1	Boolean	是(1)或否(0)
属性	algorithmMethod	算法方式	压缩算法类型	0..1	CharacterString	
属性	sourceMedia	资源媒介	分发媒介	0..1	CharacterString	
属性	replacedData	是否替换数据	如果数据文件被作废，是否替换为其他数据	0..1	Boolean	
属性	dataReplacement	替换数据	要被替换的数据集的说明(例如,单元名称)	0..1	CharacterString	
角色	datasetDiscoveryMetadata	数据集发现元数据	交换目录可以包含或引用交换集中数据集的发现元数据	0..*	聚合 S100_ DatasetDiscoveryMetadata	
角色	--	--	目录的元数据	0..*	聚合 S100_CatalogueMetadata	要素、图示表达和互操作目录（如有）的元数据
角色	supportFileDiscoveryMetadata	支持文件发现元数据	交换目录可以包含或引用交换集中支持文件的发现元数据	0..*	聚合 S100_ SupportFileDiscoveryMetadata	

19.5.4 S100_CatalogueIdentifier（目录标识符）

角色名称	名称（英文）	名称（中文）	说明	多重性	类型	备注
类	S100_ CatalogueIdentifier	S100_ 目录标识符	交换目录包含关于交换数据集和支持文件的发现元数据	–	–	–
属性	identifier	标识符	交换目录的唯一标识符	1	CharacterString	
属性	editionNumber	版次号	该交换目录的版次号	1	CharacterString	
属性	date	日期	交换目录的创建日期	1	Truncated Date	

19.5.5 S100_CataloguePointofContact（目录联系方）

角色名称	名称（英文）	名称（中文）	说明	多重性	类型	备注
类	S100_ CataloguePointofContact	S100_ 目录联系方	此交换目录发行商的联系信息	–	–	–
属性	organization	组织	分发此交换目录的组织	1	CharacterString	可以是个体生产商，也可以是增值分销商等
属性	phone	电话	组织的电话号码	0..1	CI_Telephone	
属性	address	地址	组织的地址	0..1	CI_Address	

19.5.6 S100_Dataset（数据集）

角色名称	名称（英文）	名称（中文）	说明	多重性	类型	备注
类	S100_Dataset	S100_ 数据集		–	–	–
角色	composedOf	组成	一个交换集由 0 或多个数据集组成	0..*	–	
角色	datasetCatalogue	数据集目录	与此数据集相关的目录	0..*	–	

19.6 S100_DatasetDiscoveryMetaData（数据集发现元数据）

角色名称	名称（英文）	名称（中文）	说明	多重性	类型	备注
类	S100_DatasetDiscovery Metadata	S100_数据集发现元数据	交换目录中单个数据集的元数据	–	–	–
属性	fileName	文件名	数据集文件名	1	CharacterString	
属性	filePath	文件路径	交换集根目录的完整路径	1	CharacterString	相对于交换集根目录的路径。交换集解压到目录 <EXCH_ROOT> 后文件的位置将是 <EXCH_ROOT>/ <filePath>/ <filename>
属性	description	说明	该数据集覆盖的区域或地点的简要说明	1	CharacterString	例如，港湾、港口名称或两者之间其他概念，等等
属性	dataProtection	数据保护	指示数据是否已加密	0..1	Boolean	0指示未加密的数据集，1 指示已加密的数据集
属性	protectionScheme	保护方案	用于数据保护的规范或方法	0..1	S100_ProtectionScheme	例如 S-63
属性	digitalSignature Reference	数字签名引用	文件的数字签名	1	S100_DigitalSignature	规定用于计算数字签名值的算法
属性	digitalSignatureValue	数字签名值	数字签名的派生值	1	S100_DigitalSignatureValue	根据 digitalSignatureReference 得出的值 按照 S-100 标准第 15 部分中规定的数字签名格式
属性	copyright	版权	指示数据集是否受版权保护	0..1	MD_LegalConstraints-> MD_RestrictionCode <copyright> (ISO 19115-1)	

续表

角色名称	名称（英文）	名称（中文）	说明	多重性	类型	备注
属性	classification	密级	指示数据集的安全分类	0..1	Class MD_SecurityConstraints> MD_ClassificationCode (codelist)	1.unclassified（非保密） 2.restricted（受限） 3.confidential（秘密） 4.secret（机密） 5.top secret（绝密） 6.sensitive but unclassified（敏感但非保密） 7.for official use only（仅供官方使用） 8.protected（受保护） 9.limited distribution（限制发行）
属性	purpose	用途	发布此数据集的用途	0..1	MD_Identification>purpose CharacterString	预备计划、实际计划或实际更新
属性	specificUsage	具体用途	该数据集的用途	0..1	MD_USAGE>specificUsage (Characterstring) MD_USAGE>userContactInfo (CI_Responsibility)	用于 < 船舶名称 > 航行通过 <UKCM 区域名称 >
属性	issueDate	发布日期	生产商使数据可用的日期	1	Date	
属性	issueTime	发布时间	生产商使数据可用的时间	0..1	Time	S-100 数据类型时间
属性	productSpecification	产品规范	用于创建该数据集的产品规范	1	S100_ProductSpecification	
属性	producingAgency	生产部门	负责生产数据的部门	1	CI_Responsibility>CI_Organisation 或 CI_Responsibility>CI_Individual	参见表 4a-2 和表 4a-3
属性	optimumDisplayScale	最佳显示比例尺	显示数据的最佳比例尺	0..1	Integer	示例：1 : 25 000 的比例尺编码为 25 000
属性	maximumDisplayScale	最大显示比例尺	数据显示的最大比例尺	0..1	Integer	

续表

角色名称	名称（英文）	名称（中文）	说明	多重性	类型	备注
属性	minimumDisplayScale	最小显示比例尺	数据显示的最小比例尺	0..1	Integer	
属性	horizontalDatum Reference	水平基准引用	注册表的引用，据此获取水平基准值	1	CharacterString	EPSG
属性	horizontalDatumValue	水平基准值	整个数据集的水平基准	1	Integer	4326
属性	epoch	纪元	表示 CRS 使用的大地基准纪元的代码	0..1	CharacterString	例如，G1762 是 WGS84 大地基准 2013-10-16 的实现
属性	verticalDatum	垂直基准	整个数据集的垂直基准	0..1	S100_ VerticalAndSoundingDatum	
属性	soundingDatum	水深基准	整个数据集的水深基准	0..1	S100_ VerticalAndSoundingDatum	
属性	dataType	数据类型	该数据集的编码格式	1	S100_DataFormat	必须为 GML
属性	dataTypeVersion	数据类型版本	数据类型的版本号	1	CharacterString	3,2,1 S-100 版本 4.0.0 专用标准
属性	dataCoverage	数据覆盖范围	提供有关数据集中数据覆盖范围的信息	0..*	S100_DataCoverage	
属性	comment	备注	任何其他信息	0..1	CharacterString	
属性	layerID	图层 ID	标识其他层，使用或图示表达该数据集所需	0..*	CharacterString	在航海系统中，S-129 数据集必须与电子海图一起使用
属性	defaultLocale	默认区域	交换目录中使用的缺省语种和字符集	1	PT_Locale	

续表

角色名称	名称（英文）	名称（中文）	说明	多重性	类型	备注
属性	otherLocale	其他区域	交换目录中使用的其他语种和字符集	0..*	PT_Locale	
属性	metadataFileIdentifier	元数据文件标识符	元数据文件的标识符	1	CharacterString	如，ISO 19115-3 元数据文件
角色	metadataPointOfContact	元数据联系方	元数据的联系方	1	CI_Responsibility>CI_Individual 或 CI_Responsibility>CI_Organisation	
	metadataDateStamp	元数据日期戳	元数据的日期戳	1	Date	可能是，也可能不是发布日期
	metadataLanguage	元数据语言	提供元数据所使用的语言	1..*	CharacterString	
	--	--	包含或引用，指向数据集支持文件的发现元数据	0..*	聚合 S100_SupportFileDiscoveryMetadata	

19.6.1 S100_DataCoverage（数据覆盖范围）

角色名称	名称（英文）	名称（中文）	说明	多重性	类型	备注
类	S100_DataCoverage	S100_数据覆盖范围		–	–	–
属性	ID	ID	覆盖范围的唯一标识符	1	Integer	–
属性	boundingBox	边界框	数据集边界的范围	1	EX_GeographicBoundingBox	–
属性	boundingPolygon	边界多边形	定义实际数据边界的多边形	1..*	EX_BoundingPolygon	–

19.6.2 S100_DigitalSignature（数字签名）

角色名称	名称（英文）	名称（中文）	说明	多重性	类型	备注
枚举	S100_DigitalSignature	S100_数字签名	用于计算数字签名的算法	–	–	–
值	(TBD)	（待定）	数字签名算法	–	–	

19.6.3 S100_VerticalAndSoundingDatum（垂直和水深基准）

角色名称	名称（英文）	名称（中文）	说明	代码	备注
枚举	S100_VerticalAndSoundingDatum	S100_垂直和水深基准	允许的垂直和水深基准	–	–
值	meanLowWaterSprings	平均大潮低潮面		1	（MLWS）
值	meanLowerLowWaterSprings	平均大潮低低潮面		2	
值	meanSeaLevel	平均海平面		3	（MSL）
值	lowestLowWater	最低低潮面		4	
值	meanLowWater	平均低潮面		5	（MLW）
值	lowestLowWaterSprings	最低大潮低潮面		6	
值	approximateMeanLowWaterSprings	近似平均大潮低潮面		7	
值	indianSpringLowWater	印度大潮低潮面		8	
值	lowWaterSprings	大潮低潮面		9	
值	approximateLowestAstronomicalTide	近似最低天文潮面		10	
值	nearlyLowestLowWater	略最低低潮面		11	
值	meanLowerLowWater	平均低低潮面		12	（MLLW）
值	lowWater	低潮面		13	（LW）
值	approximateMeanLowWater	近似平均低潮面		14	
值	approximateMeanLowerLowWater	近似平均低低潮面		15	
值	meanHighWater	平均高潮面		16	（MHW）
值	meanHighWaterSprings	平均大潮高潮面		17	（MHWS）
值	highWater	高潮面		18	（HW）
值	approximateMeanSeaLevel	近似平均海平面		19	
值	highWaterSprings	大潮高潮面		20	
值	meanHigherHighWater	平均高高潮面		21	（MHHW）
值	equinoctialSpringLowWater	分点大潮低潮面		22	

续表

角色名称	名称（英文）	名称（中文）	说明	代码	备注
值	lowestAstronomicalTide	最低天文潮面		23	（LAT）
值	localDatum	当地基准面		24	
值	internationalGreatLakesDatum1985	1985 年国际大湖基准面		25	
值	meanWaterLevel	平均水平面		26	
值	lowerLowWaterLargeTide	大潮低低潮面		27	
值	higherHighWaterLargeTide	大潮高高潮面		28	
值	nearlyHighestHighWater	略最高高潮面		29	
值	highestAstronomicalTide	最高天文潮面		30	（HAT）

注释　数字代码是在 IHO GI 注册系统中指定的，与 IHO Hydro 域属性“Vertical datum”（垂直基准）具有等效列表值，因为注册系统当前（2019 年 3 月 1 日）不包含交换集元数据和数据集元数据属性的条目。

19.6.4 S100_DataFormat（数据格式）

角色名称	名称（英文）	名称（中文）	说明	代码	备注
枚举	S100_DataFormat	S100_数据格式	编码格式	–	S-129 中允许的唯一值是 GML，因此其余值将被删除
值	GML	GML	S-100 第 10b 部分中定义的 GML 数据格式		–
LUA	S100_DataFormat	S100_数据格式	用于转换处理的 LUA 脚本文件		–

19.6.5 S100_ProductSpecification（产品规范）

角色名称	名称（英文）	名称(中文）	说明	多重性	类型	备注
类	S100_ProductSpecification	S100_产品规范	产品规范包含构建指定产品所需的信息	–	–	–
属性	name	名称	用于创建数据集的产品规范的名称	1	CharacterString	129
属性	version	版本	产品规范的版本号	1	CharacterString	1.0.0
属性	date	日期	产品规范的版本日期	1	Date	CCYYMMDD

续表

角色名称	名称（英文）	名称(中文)	说明	多重性	类型	备注
属性	number	编号	用于在 IHO GI 注册系统产品规范注册表中查找产品的编号(注册系统索引)	1	Integer	源于 IHO 地理空间信息注册系统中产品规范注册表

19.6.6 S100_ProtectionScheme（保护方案）

角色名称	名称（英文）	名称（中文）	说明	代码	备注
枚举	S100_ProtectionScheme	S100_ 保护方案	数据保护方案	–	–
值	S-63	S-63	IHO S-63		

19.6.7 S100_SupportFile（支持文件）

角色名称	名称（英文）	名称（中文）	说明	多重性	类型	备注
类	S100_SupportFile	S100_ 支持文件		–	–	–
角色	aggregateFile	集合文件	支持文件的集合	0..*	–	
角色	supportFile	支持文件	数据集相关信息文件	0..*	–	

19.7 S100_SupportFileDiscoveryMetadata（支持文件发现元数据）

角色名称	名称（英文）	名称（中文）	说明	多重性	类型	备注
类	S100_ SupportFiletDiscoveryMetadata	S100_ 支持文件发现元数据	交换目录中独立支持文件的元数据	–	–	–
属性	fileName	文件名	支持文件的名称	1	CharacterString	

续表

角色名称	名称（英文）	名称（中文）	说明	多重性	类型	备注
属性	fileLocation	文件位置	交换集根目录的完整路径	1	CharacterString	相对于交换集根目录的路径。交换集解压到目录 <EXCH_ROOT> 后文件的位置将是：<EXCH_ROOT>/ <filePath>/ <filename>
属性	purpose	用途	发布此数据集的用途	1	S100_ SupportFileSpecification	比如，新数据集、再版、新版及更新，等等
属性	editionNumber	版次号	该数据集版次号	1	CharacterString	首次创建数据集时，版次号记为 1。每发布一个新版次，版次号都增加 1。再版时版次号保持一致
属性	issueDate	发布日期	生产商使数据可用的日期	1	Date	
属性	productSpecification	支持文件规范	创建该数据集的支持文件规范	1	S100_ SupportFileSpecification	
属性	dataType	数据类型	支持文件的格式	1	S100_SupportFileFormat	
属性	otherDataTypeDescription	其他数据类型说明	列表以外的支持文件格式	0..1	CharacterString	
属性	dataTypeVersion	数据类型版本	数据类型的版本号	1	CharacterString	
属性	comment	备注		0..1	CharacterString	
属性	digitalSignatureReference	数字签名引用	文件的数字签名	0..1	S100_DigitalSignature	引用恰当的数字签名算法
属性	digitalSignatureValue	数字签名值	数字签名的派生值	0..1	S100_ DigitalSignatureValue	根据 digitalSignatureReference 得出的值 按照 S-100 第 15 部分中规定的数字签名格式

续表

角色名称	名称（英文）	名称（中文）	说明	多重性	类型	备注
属性	defaultLocale	默认区域	交换目录中使用的缺省语种和字符集	0..1	PT_Locale	单个支持文件只能使用一个语种，可使用其他语种创建其他文件

19.7.1 S100_SupportFileFormat（支持文件格式）

角色名称	名称（英文）	名称（中文）	说明	代码	备注
枚举	S100_ SupportFileFormat	S100_ 支持文件格式	支持文件所用的格式	–	–
值	ASCII	ASCII			
值	JPEG2000	JPEG2000			
值	HTML	HTML			
值	XML	XML			
值	XSLT	XSLT			
值	VIDEO	VIDEO			
值	TIFF	TIFF			
值	PDF/A or UA	PDF/A 或 UA			产品规范开发人员在使用PDF作为支持文件格式时应慎重；不建议在导航系统产品中使用PDF，因为它可能妨害夜视效果
值	LUA	LUA	用于转换处理的LUA脚本文件		
值	other	其他			

19.7.2 S100_SupportFilePurpose（支持文件用途）

角色名称	名称（英文）	名称（中文）	说明	代码	备注
枚举	S100_ SupportFilePurpose	S100_ 支持文件用途	该交换集中包含支持文件的原因	–	–
值	new	新建	新文件		表示新文件

续表

角色名称	名称（英文）	名称（中文）	说明	代码	备注
值	replacement	替换	用于替换现有文件的文件		表示替换同名文件
值	deletion	删除	删除现有文件		表示删除该名称的文件

19.7.3 S100_SupportFileSpecification（支持文件规范）

角色名称	名称（英文）	名称(中文)	说明	多重性	类型	备注
类	S100_ SupportFileSpecification	S100_ 支持文件规范	支持文件符合的标准或规范	–	–	–
属性	name	名称	创建支持文件所用的产品规范名称	1	CharacterString	
属性	version	版本	产品规范的版本号	0..1	CharacterString	
属性	date	日期	产品规范的版本日期	0..1	Date	

19.8 S100_CatalogueMetadata（目录元数据）

角色名称	名称（英文）	名称（中文）	说明	多重性	类型	备注
类	S100_Catalogue	S100_ 目录	S-100 目录元数据的类	–	–	–
属性	filename	文件名	该目录的名称	1..*	CharacterString	
属性	fileLocation	文件位置	交换集根目录的完整路径	1..*	CharacterString	相对于交换集根目录的路径。交换集解压到目录 <EXCH_ROOT> 后文件的位置将是 <EXCH_ROOT>/ <filePath>/ <filename>
属性	scope	范围	该目录的专题域	1..*	S100_CatalogueScope	
属性	versionNumber	版本号	产品规范的版本号	1..*	CharacterString	

续表

角色名称	名称（英文）	名称（中文）	说明	多重性	类型	备注
属性	issueDate	发布日期	产品规范的版本日期	1..*	Date	
属性	productSpecification	产品规范	创建该文件的产品规范	1..*	S100_ ProductSpecification	
属性	digitalSignatureReference	数字签名引用	文件的数字签名	1	S100_DigitalSignature	引用恰当的数字签名算法
属性	digitalSignatureValue	数字签名值	数字签名的派生值	1	S100_ DigitalSignatureValue	根据 digitalSignatureReference 得出的值 按照 S-100 标准第 15 部分中规定的数字签名格式
属性	defaultLocale	默认区域	交换目录中使用的缺省语种和字符集	1	PT_Locale	
属性	otherLocale	其他区域	交换目录中使用的其他语种和字符集	0..*	PT_Locale	

19.8.1 S100_CatalogueScope（目录范围）

角色名称	名称（英文）	名称（中文）	说明	代码	备注
枚举	S100_CatalogueScope	S100_ 目录范围	该目录的范围	–	–
值	featureCatalogue	要素目录	S-100 要素目录		
值	portrayalCatalogue	图示表达目录	S-100 图示表达目录		
值	interoperabilityCatalogue	互操作性目录	S-100 互操作性信息		

附录 A　数据分类和编码指南

A.1　UnderKeelClearancePlan（富余水深计划）

IHO 定义：UKC 计划特定于船舶和 UKCM 运行区。计划共有三种：预备计划、实际计划和实际更新

S-129 元数据要素：UnderKeelClearancePlan（富余水深计划）

超类型：

几何单形：非几何（noGeometry）

现实世界		纸质海图符号	ECDIS 符号		
S-129 属性（英文）	S-129 属性（中文）	S-57 缩写	允许编码值	类型	多重性
Generation Time	生成时间			DT	0，1
Vessel ID	船舶 ID			TE	0，1
Source Route Name	源航线名称			TE	0，1
Source Route Version	源航线版本			TE	0，1
Maximum Draught	最大吃水深度			RE	0，1
UnderKeelClearance Purpose Type	富余水深用途分类		1：prePlan 预备计划 2：actualPlan 实际计划 3：actualUpdate 实际更新	EN	0，1
UnderKeelClearance Calculation Requested	请求的富余水深计算		1：timeWindow 时间窗口 2：maxDraught 最大吃水深度	EN	0，1
Fixed Time Range	固定时间范围			C	0，1
Time Start	开始时间			(S) DT	0，1
Time End	结束时间			(S) DT	0，1

说明：UKC 计划分为如下三种：

- 预备计划是一组潮汐窗口，可用于船舶以特定吃水深度通过 UKCM 运行区。
- 实际计划是某条船在某 UKCM 运行区内的特定航行计划，其包含了一条由多个地理控制点确定的航线，每个控制点都附加了时间窗口，也含了不可通航区和基本不可航行区。
- 实际更新是替代的实际计划。

A.2 UnderKeelClearanceNonNavigableArea（富余水深不可通航区）

IHO 定义：UKCM 运行区内的一类区域，特定船舶在该区域内的 UKC 计算结果小于航道的 UKC 限差

S-129 地理要素：UnderKeelClearanceNonNavigableArea（富余水深不可通航区）

超类型：

几何单形：曲面

现实世界		纸质海图符号		ECDIS 符号	
S-129 属性（英文）	S-129 属性（中文）	S-57 缩写	允许编码值	类型	多重性
Scale Minimum	最小比例尺			IN	0，1

说明：不可通航区是包含在实际计划和实际更新中的空间信息

A.3 UnderKeelClearanceAlmostNonNavigableArea（富余水深基本不可通航区）

IHO 定义：UKCM 运行区内的一类区域，特定船舶在该区域内的 UKC 计算结果接近航道的 UKC 限差（在指定值范围内）

S-129 地理要素：UnderKeelClearanceAlmostNonNavigableArea（富余水深基本不可通航区）

超类型：

几何单形：曲面

现实世界		纸质海图符号		ECDIS 符号	
S-129 属性（英文）	S-129 属性（中文）	S-57 缩写	允许编码值	类型	多重性
Scale Minimum	最小比例尺			IN	0，1
Distance Above UKC Limit	UKC 线以上的距离			RE	0，1

说明：基本不可通航区是包含在实际计划和实际更新中的空间信息

A.4 UnderKeelClearanceControlPoint（富余水深控制点）

IHO 定义：表示 UKCM 运行区内某个特定船舶航线上一个点的地理位置，该船舶必须在 UKCM 供应商计算的时间范围或时间窗口（例如，开始和结束时间）内通过 UKCM 运行区

S-129 地理要素：UnderKeelClearanceControlPoint（富余水深控制点）

超类型：

几何单形：点

现实世界		纸质海图符号		ECDIS 符号	
S-129 属性（英文）	S-129 属性（中文）	S-57 缩写	允许编码值	类型	多重性
Name	名称			TE	0，1
Expected Passing Time	预计通过时间			DT	0，1
Expected Passing Speed	预计通过速度			RE	0，1
Fixed Time Range	固定时间范围			C	0，1
Time Start	开始时间			(S) DT	0，1
Time End	结束时间			(S) DT	0，1
说明：控制点包含在实际计划和实际更新中					

A.5 关联 / 聚合 / 组合

备注：

S-129 UKCM 数据模型中要素之间的聚合关系。

角色类型	角色	要素	多重性
聚合	包含（componentOf）	UnderKeelClearancePlan-UnderKeelClearanceControlPoint	1
	构成（consistOf）	UnderKeelClearanceControlPoint- UnderKeelClearancePlan	1..*
聚合	包含（componentOf）	UnderKeelClearancePlan-UnderKeelClearanceNonNavigatbleArea	1
	构成（consistOf）	UnderKeelClearanceNonNavigatbleArea-UnderKeelClearancePlan	1..*
聚合	包含（componentOf）	UnderKeelClearancePlan-UnderKeelClearanceAlmostNonNavigatbleArea	1
	构成（consistOf）	UnderKeelClearanceAlmostNonNavigatbleArea-UnderKeelClearancePlan	1..*

附录 B　S129.xsd 的模式文档

B.1　模式

B.1.1　主模式 S129.xsd

命名空间	http://www.iho.int/S124/gml/cs0/0.1	
特性	默认属性形式：	不受限制
	默认元素形式：	不受限制
	版本：	0.1-20180531

B.2　复杂类型

B.2.1　复杂类型—GM_Point（点）

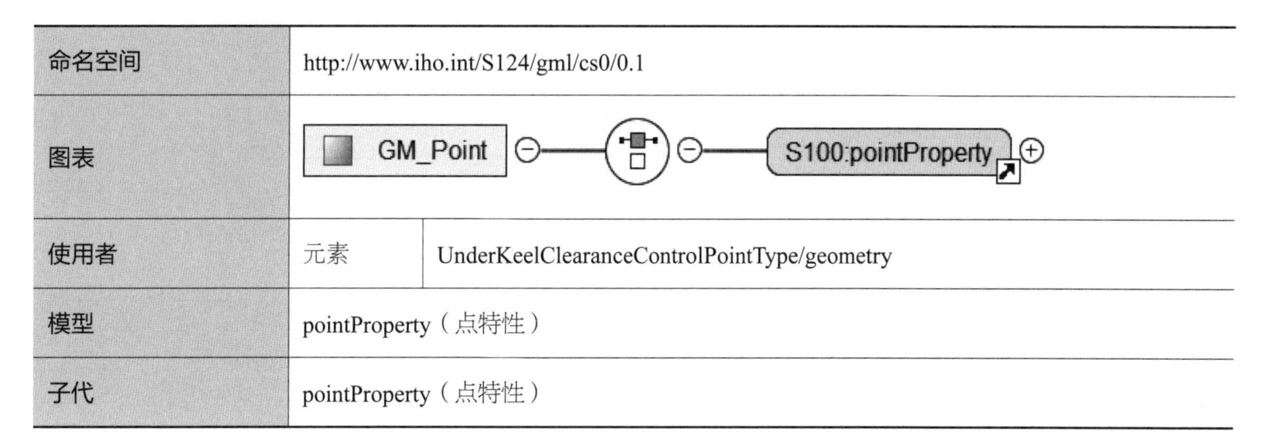

命名空间	http://www.iho.int/S124/gml/cs0/0.1	
图表	GM_Point　S100:pointProperty	
使用者	元素	UnderKeelClearanceControlPointType/geometry
模型	pointProperty（点特性）	
子代	pointProperty（点特性）	

B.2.2　复杂类型—GM_Curve（曲线）

命名空间	http://www.iho.int/S124/gml/cs0/0.1
图表	GM_Curve　S100:curveProperty
模型	curveProperty（曲线特性）
子代	curveProperty（曲线特性）

B.2.3 复杂类型—GM_Surface（曲面）

命名空间	http://www.iho.int/S124/gml/cs0/0.1	
图表	GM_Surface — S100:surfaceProperty	
使用者	元素	UnderKeelClearanceAlmostNonNavigableAreaType/geometry, UnderKeelClearanceNonNavigableAreaType/geometry, UnderKeelClearancePlanType/geometry
模型	surfaceProperty（曲面特性）	
子代	surfaceProperty（曲面特性）	

B.2.4 复杂类型—fixedTimeRangeType（固定时间范围）

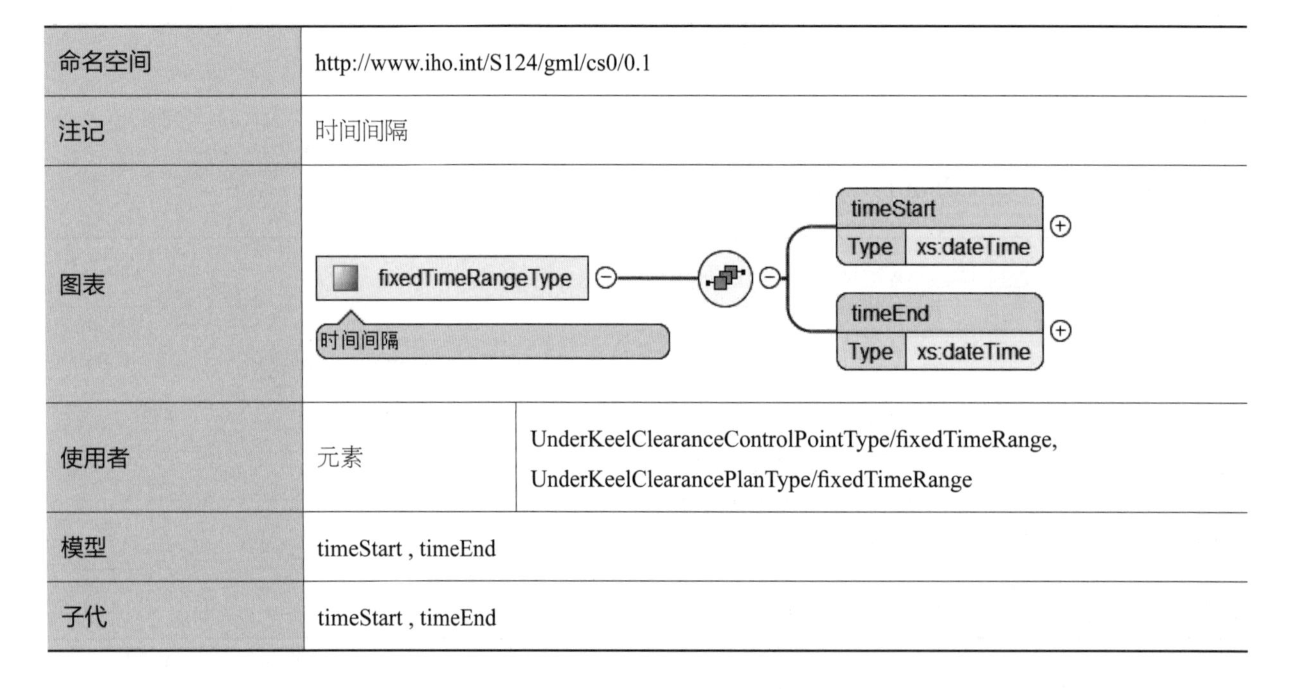

命名空间	http://www.iho.int/S124/gml/cs0/0.1	
注记	时间间隔	
图表	fixedTimeRangeType 时间间隔 timeStart Type xs:dateTime timeEnd Type xs:dateTime	
使用者	元素	UnderKeelClearanceControlPointType/fixedTimeRange, UnderKeelClearancePlanType/fixedTimeRange
模型	timeStart , timeEnd	
子代	timeStart , timeEnd	

B.2.5 复杂类型—FeatureType（要素类型）

<table>
<tr><td>命名空间</td><td colspan="3">http://www.iho.int/S124/gml/cs0/0.1</td></tr>
<tr><td>注记</td><td colspan="3">带有所有公共属性的通用要素类型</td></tr>
<tr><td>图表</td><td colspan="3"> 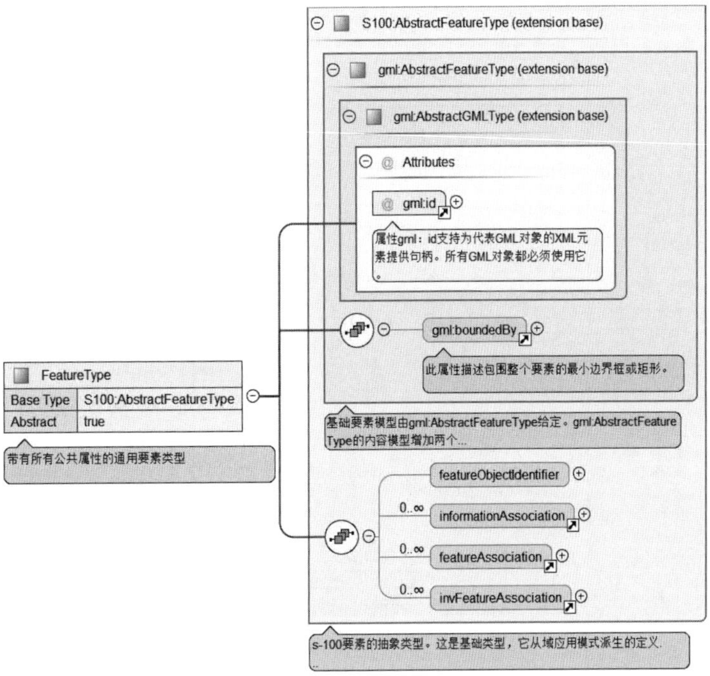</td></tr>
<tr><td>类型</td><td colspan="3">AbstractFeatureType 扩展</td></tr>
<tr><td>类型层次</td><td colspan="3">1. gml: AbstractGMLType
　1. gml: AbstractFeatureType
　　1. AbstractFeatureType
　　　1. FeatureType</td></tr>
<tr><td>特性</td><td colspan="3">抽象类型：真</td></tr>
<tr><td rowspan="2">使用者</td><td colspan="3">元素 FeatureType</td></tr>
<tr><td>复杂类型</td><td colspan="2">UnderKeelClearanceAlmostNonNavigableAreaType（富余水深基本不可通航区类型）, UnderKeelClearanceControlPointType（富余水深控制点类型）, UnderKeelClearanceNonNavigableAreaType（富余水深不可通航区类型）, UnderKeelClearancePlanType（富余水深计划类型）</td></tr>
<tr><td>模型</td><td colspan="3">gml:boundedBy{0,1}, featureObjectIdentifier{0,1} , informationAssociation* , featureAssociation* , invFeatureAssociation*</td></tr>
<tr><td>子代</td><td colspan="3">featureAssociation, featureObjectIdentifier, gml:boundedBy, informationAssociation, invFeatureAssociation</td></tr>
<tr><td rowspan="3">属性</td><td>Q 名称</td><td>类型</td><td>使用</td></tr>
<tr><td>gml:id</td><td>ID</td><td>必需</td></tr>
<tr><td></td><td colspan="2">属性“gml:id”支持为表示 GML 对象的 XML 元素提供一个句柄。所有 GML 对象都必须使用它。它具有 XML 类型 ID，因此在 XML 文档中必须是唯一的</td></tr>
</table>

B.2.6 复杂类型—UnderKeelClearancePlanType（富余水深计划类型）

命名空间	http://www.iho.int/S124/gml/cs0/0.1	
注记	针对特定船舶和特定航路计算的 UKC 计划	
	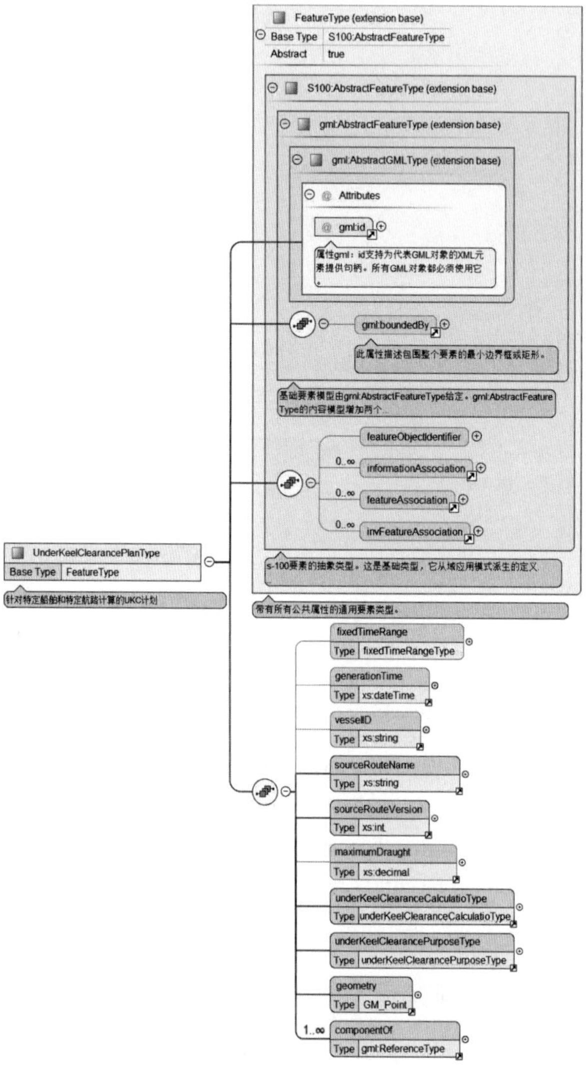 FeatureType (extension base) Base Type S100:AbstractFeatureType Abstract true S100:AbstractFeatureType (extension base) gml:AbstractFeatureType (extension base) gml:AbstractGMLType (extension base) Attributes gml:id 属性gml：id支持为代表GML对象的XML元素提供句柄。所有GML对象都必须使用它 gml:boundedBy 此属性描述包围整个要素的最小边界框或矩形。 基础要素模型由gml:AbstractFeatureType给定。gml:AbstractFeatureType的内容模型增加两个… featureObjectIdentifier 0..∞ informationAssociation 0..∞ featureAssociation 0..∞ invFeatureAssociation S-100要素的抽象类型。这是基础类型，它从域应用模式派生的定义 带有所有公共属性的通用要素类型。 UnderKeelClearancePlanType Base Type FeatureType 针对特定船舶和特定航路计算的UKC计划 fixedTimeRange Type fixedTimeRangeType generationTime Type xs:dateTime vesselD Type xs:string sourceRouteName Type xs:string sourceRouteVersion Type xs:int maximumDraught Type xs:decimal underKeelClearanceCalculatioType Type underKeelClearanceCalculatioType underKeelClearancePurposeType Type underKeelClearancePurposeType geometry Type GM_Point 1..∞ componentOf Type gml:ReferenceType	
类型	FeatureType 的扩展	
类型层次	1. gml:AbstractGMLType 1. gml:AbstractFeatureType 1. AbstractFeatureType 1. FeatureType 1. UnderKeelClearancePlanType	
使用者	元素	UnderKeelClearancePlan
模型	gml:boundedBy{0,1} , featureObjectIdentifier{0,1} , informationAssociation*, featureAssociation*, invFeatureAssociation*, fixedTimeRange, generationTime, vesselID, sourceRouteName, sourceRouteVersion, maximumDraught, underKeelClearancePurposeType, underKeelClearanceCalculationType, geometry, consitOf+	

子代	consitOf, featureAssociation, featureObjectIdentifier, fixedTimeRange, generationTime, geometry, gml:boundedBy, informationAssociation, invFeatureAssociation, maximumDraught, sourceRouteName, sourceRouteVersion, underKeelClearanceCalculationType, underKeelClearancePurposeType, vesselID		
属性	Q 名称	类型	使用
	gml:id	ID	必需
		属性“gml:id”支持为表示 GML 对象的 XML 元素提供一个句柄。所有 GML 对象都必须使用它。它具有 XML 类型 ID，因此在 XML 文档中必须是唯一的	

B.2.7 复杂类型—UnderKeelClearanceNonNavigableAreaType（富余水深不可通航区类型）

命名空间	http://www.iho.int/S124/gml/cs0/0.1
注记	深度小于安全界限的区域
图表	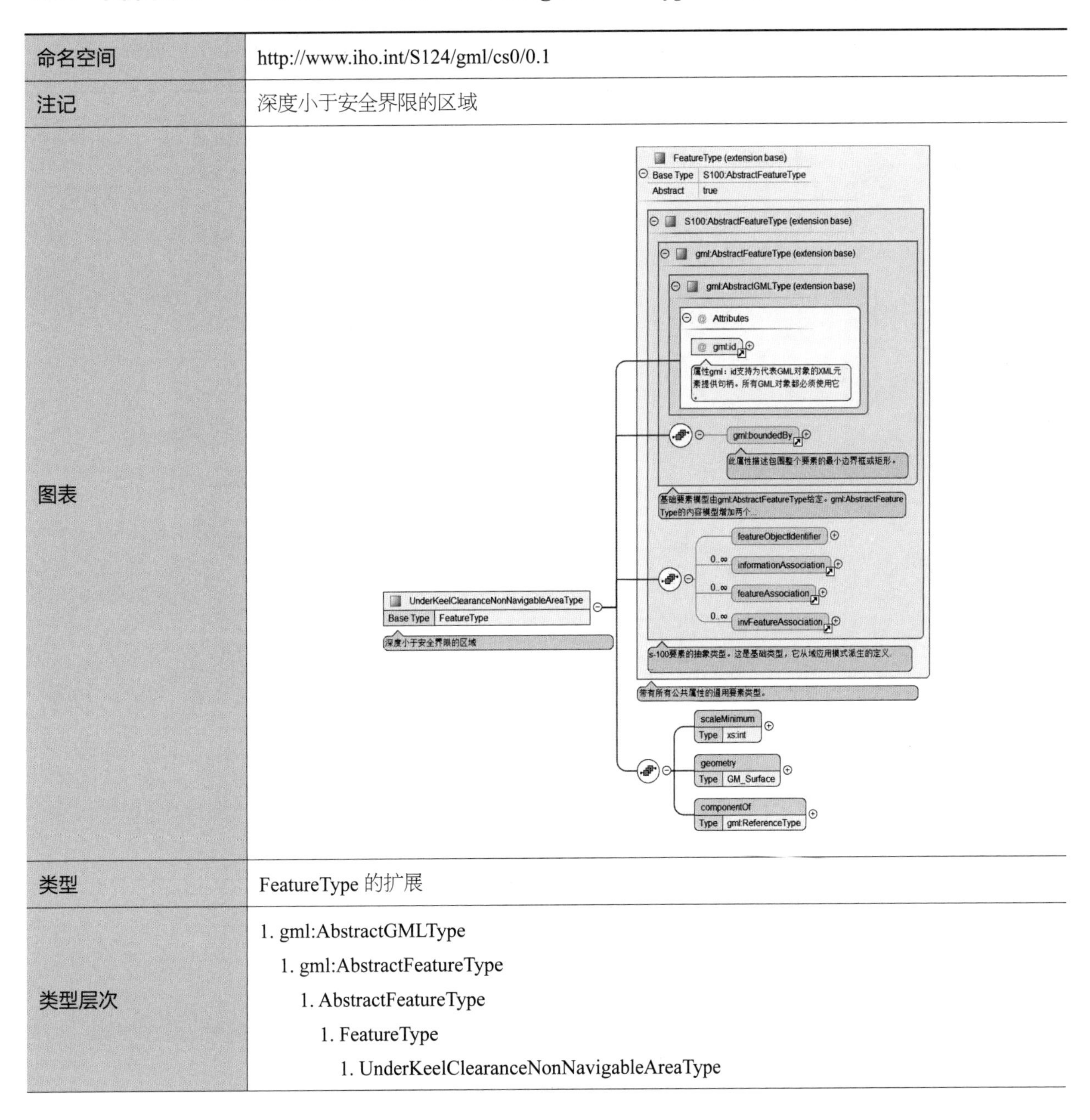
类型	FeatureType 的扩展
类型层次	1. gml:AbstractGMLType 1. gml:AbstractFeatureType 1. AbstractFeatureType 1. FeatureType 1. UnderKeelClearanceNonNavigableAreaType

使用者	元素	UnderKeelClearanceNonNavigableArea	
模型	gml:boundedBy{0,1},featureObjectIdentifier{0,1},informationAssociation*,featureAssociation*,invFeatureAssociation*,scaleMinimum,geometry,componentOf		
子代	componentOf, featureAssociation, featureObjectIdentifier, geometry, gml:boundedBy, informationAssociation, invFeatureAssocia tion, scaleMinimum		
属性	Q 名称	类型	使用
	gml:id	ID	必需
		属性“gml:id”支持为表示 GML 对象的 XML 元素提供一个句柄。所有 GML 对象都必须使用它。它具有 XML 类型 ID，因此在 XML 文档中必须是唯一的	

B.2.8 复杂类型—UnderKeelClearanceAlmostNonNavigableAreaType（富余水深基本不可通航区类型）

命名空间	http://www.iho.int/S124/gml/cs0/0.1
注记	大部分深度小于该航道安全界限的区域
图表	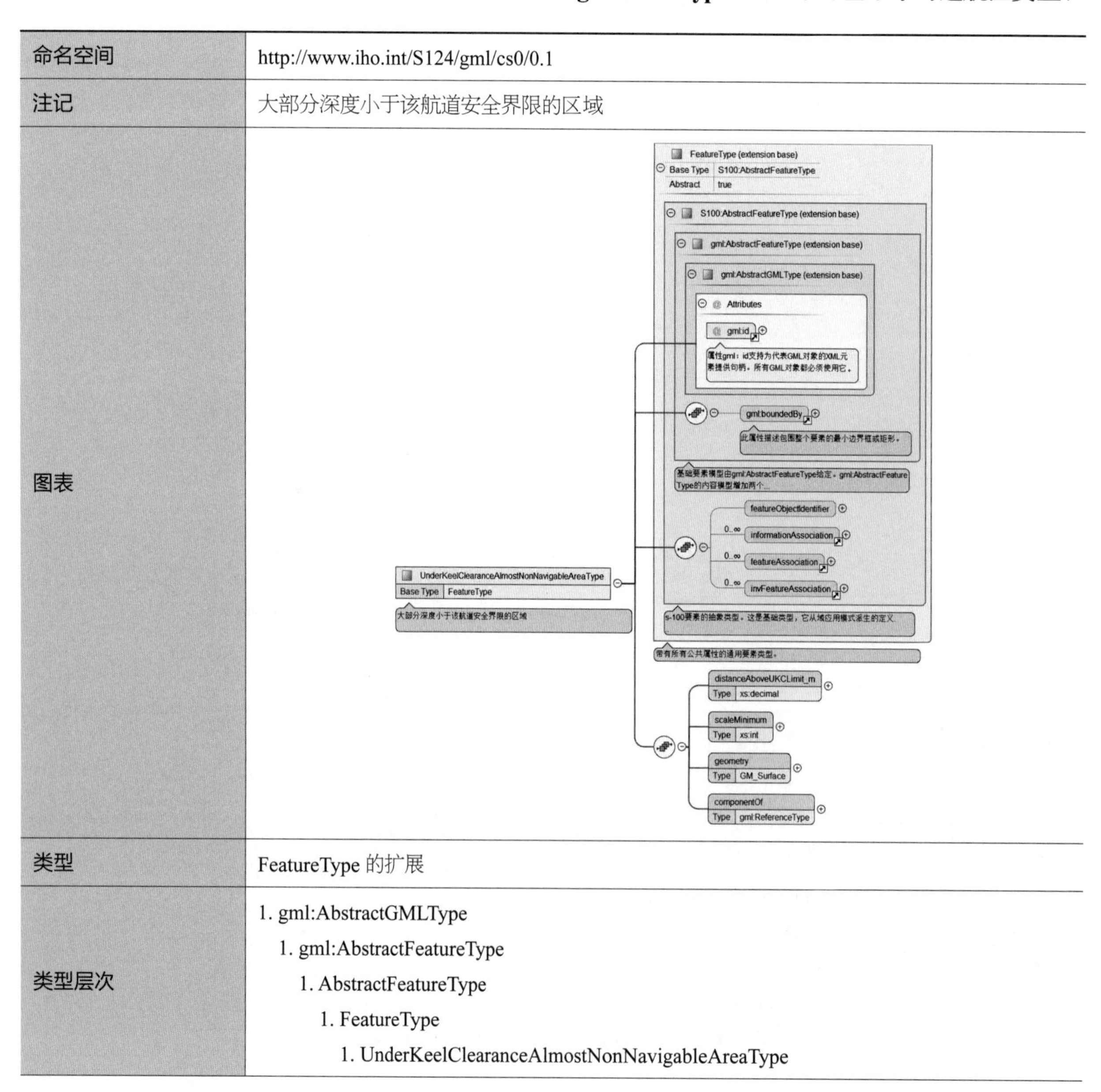

类型	FeatureType 的扩展
类型层次	1. gml:AbstractGMLType 1. gml:AbstractFeatureType 1. AbstractFeatureType 1. FeatureType 1. UnderKeelClearanceAlmostNonNavigableAreaType

使用者	元素	UnderKeelClearanceAlmostNonNavigableArea	
模型	gml:boundedBy{0,1} , featureObjectIdentifier{0,1} , informationAssociation* , featureAssociation* , invFeatureAssociation* , distanceAboveUKCLimit_m , scaleMinimum , geometry , componentOf		
子代	componentOf, distanceAboveUKCLimit_m, featureAssociation, featureObjectIdentifier, geometry, gml:boundedBy, informationAssociation, invFeatureAssociation, scaleMinimum		
属性	Q 名称	类型	使用
	gml:id	ID	必需
	Q 名称	属性“gml:id”支持为表示 GML 对象的 XML 元素提供一个句柄。所有 GML 对象都必须使用它。它具有 XML 类型 ID，因此在 XML 文档中必须是唯一的	

B.2.9 复杂类型—UnderKeelClearanceControlPointType（富余水深控制点类型）

命名空间	http://www.iho.int/S124/gml/cs0/0.1
注记	选定的关键航路点或航线
图表	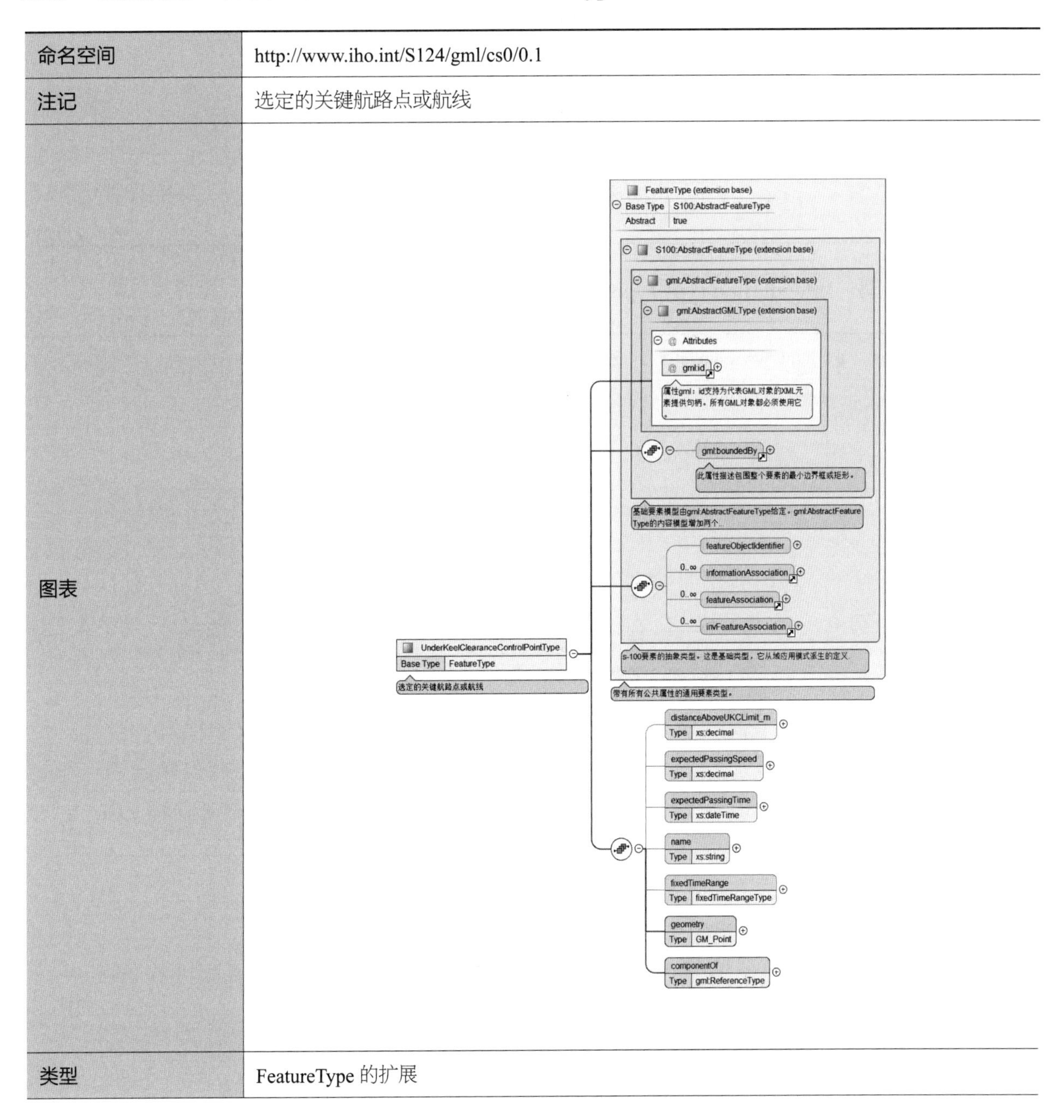
类型	FeatureType 的扩展

类型层次	1. gml:AbstractGMLType 1. gml:AbstractFeatureType 1. AbstractFeatureType 1. FeatureType 1. UnderKeelClearanceControlPointType		
使用者	元素	UnderKeelClearanceControlPoint	
模型	gml:boundedBy{0,1} , featureObjectIdentifier{0,1} , informationAssociation* , featureAssociation* , invFeatureAssociation* , distanceAboveUKCLimit_m{0,1} , expectedPassingSpeed{0,1} , expectedPassingTime{0,1} , name{0,1} , fixedTimeRange{0,1} ,geometry , componentOf		
子代	componentOf, distanceAboveUKCLimit_m, expectedPassingSpeed, expectedPassingTime, featureAssociation, featureObjectIdentifier, fixedTimeRange, geometry, gml:boundedBy, informationAssociation, invFeatureAssociation, name		
属性	Q 名称	类型	使用
	gml:id	ID	必需
		属性“gml:id”支持为表示 GML 对象的 XML 元素提供一个句柄。所有 GML 对象都必须使用它。它具有 XML 类型 ID，因此在 XML 文档中必须是唯一的	

B.2.10 复杂类型—InformationTypeType（信息类型的类型）

命名空间	http://www.iho.int/S124/gml/cs0/0.1	
注记	带有所有公共属性的通用信息类型	
图表	InformationTypeType Base Type S100:AbstractInformationType Abstract true 带有所有公共属性的通用信息类型 S100:AbstractInformationType (extension base) gml:AbstractGMLType (extension base) Attributes gml:id 属性gml：id支持为代表GML对象的XML元素提供句柄。所有GML对象都必须使用它。 0..∞ informationAssociation 0..∞ invInformationAssociation s-100要素的抽象类型。这是基础类型，它从域应用模式派生的定义...	
类型	AbstractInformationType 的扩展	
类型层次	1. gml: AbstractGMLType 1. AbstractInformationType 1. InformationTypeType	
特性	抽象类型：	真

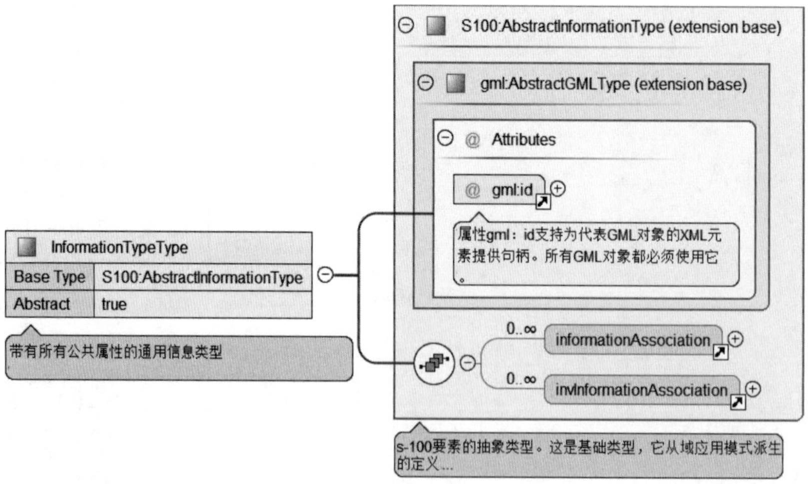

使用者	元素	InformationType	
模型	informationAssociation* , invInformationAssociation*		
子代	informationAssociation, invInformationAssociation		
属性	Q 名称	类型	使用
	gml:id	ID ID	必需
		属性“gml:id”支持为表示 GML 对象的 XML 元素提供一个句柄。所有 GML 对象都必须使用它。它具有 XML 类型 ID，因此在 XML 文档中必须是唯一的	

B.2.11 复杂类型—DatasetType（数据集类型）

命名空间	http://www.iho.int/S124/gml/cs0/0.1
注记	作为“GML 文档”数据集的 Dataset 元素
图表	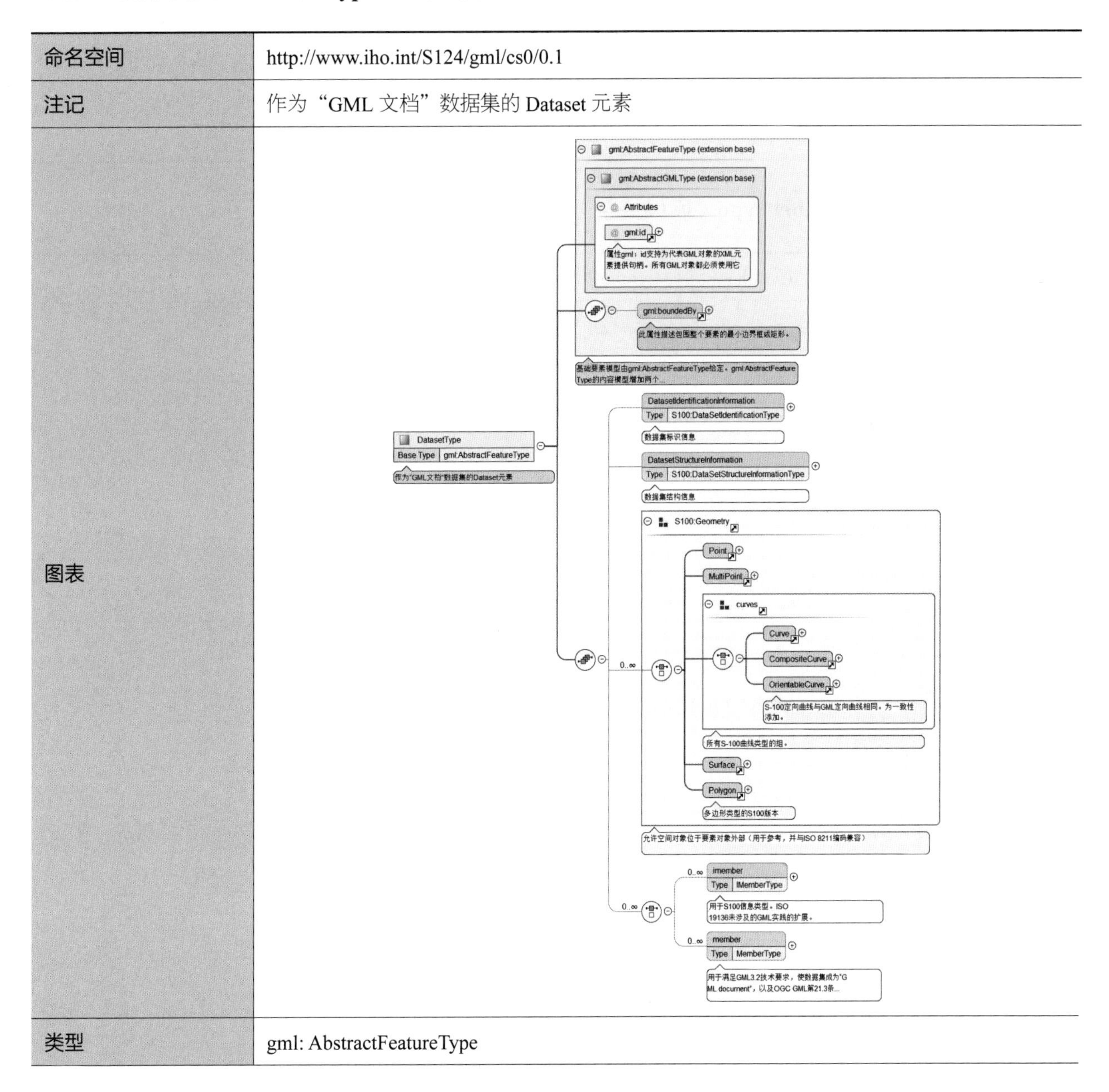

类型	gml: AbstractFeatureType

类型层次	1. gml: AbstractGMLType 1. gml: AbstractFeatureType 1. DatasetType		
使用者	元素	DataSet	
模型	gml:boundedBy{0,1}, DatasetIdentificationInformation{0,1}, DatasetStructureInformation{0,1}, (Point | MultiPoint | Curve |CompositeCurve | OrientableCurve | Surface | Polygon), (imember* | member*)		
子代	CompositeCurve, Curve, DatasetIdentificationInformation, DatasetStructureInformation, MultiPoint, OrientableCurve, Point, Polygon, Surface, gml:boundedBy, imember, member		
属性	Q 名称	类型	使用
	gml:id	ID	必需
		属性“gml:id”支持为表示 GML 对象的 XML 元素提供一个句柄。所有 GML 对象都必须使用它。它具有 XML 类型 ID，因此在 XML 文档中必须是唯一的	

B.2.12 复杂类型—IMemberType（成员类型）

命名空间	http://www.iho.int/S124/gml/cs0/0.1	
注记	数据集成员，S-100 信息类型	
图表	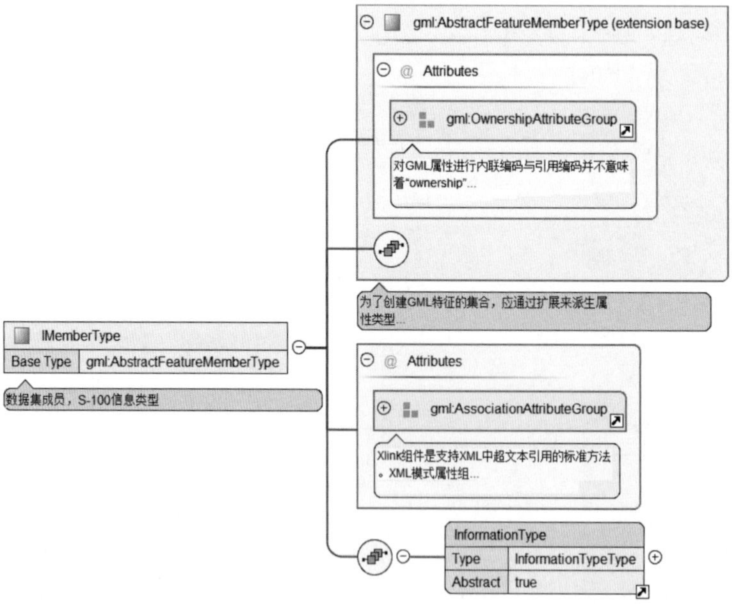 IMemberType Base Type gml:AbstractFeatureMemberType 数据集成员，S-100信息类型 gml:AbstractFeatureMemberType (extension base) Attributes gml:OwnershipAttributeGroup 对GML属性进行内联编码与引用编码并不意味着"ownership"... 为了创建GML特征的集合，应通过扩展来派生属性类型... Attributes gml:AssociationAttributeGroup Xlink组件是支持XML中超文本引用的标准方法。XML模式属性组... InformationType Type InformationTypeType Abstract true	
类型	gml:AbstractFeatureMemberType	
类型层次	1. gml: AbstractFeatureMemberType 1. IMemberType	
使用者	元素	DatasetType/imember
模型	InformationType	
子代	InformationType	

	Q 名称	类型	固定	默认值	使用	
属性	nilReason	gml: NilReasonType			可选	
	owns	boolean		false	可选	
	xlink:actuate	xlink:actuateType			可选	
	xlink:arcrole	xlink:arcroleType			可选	
	xlink:href	xlink:hrefType			可选	
	xlink:role	xlink:roleType			可选	
	xlink:show	xlink:showType			可选	
	xlink:title	xlink:titleAttrType			可选	
	xlink:type	xlink:typeType	简单		可选	

B.2.13　复杂类型—MemberType（成员类型）

命名空间	http://www.iho.int/S124/gml/cs0/0.1	
注记	数据集成员	
图表	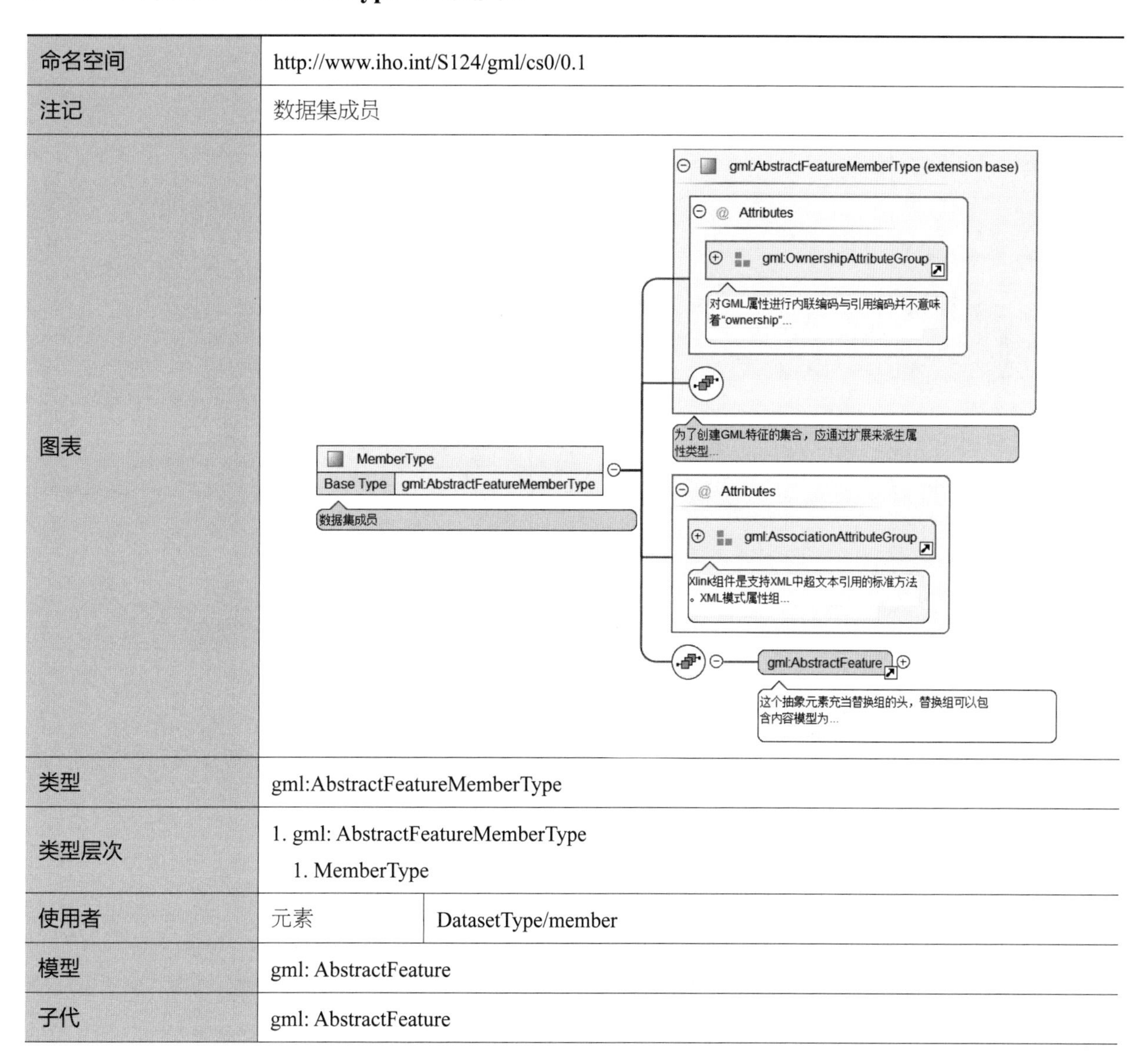	
类型	gml:AbstractFeatureMemberType	
类型层次	1. gml: AbstractFeatureMemberType 　1. MemberType	
使用者	元素	DatasetType/member
模型	gml: AbstractFeature	
子代	gml: AbstractFeature	

	Q 名称	类型	固定	默认值	使用	
属性	nilReason	gml: NilReasonType			可选	
	owns	boolean		false	可选	
	xlink:actuate	xlink:actuateType			可选	
	xlink:arcrole	xlink:arcroleType			可选	
	xlink:href	xlink:hrefType			可选	
	xlink:role	xlink:roleType			可选	
	xlink:show	xlink:showType			可选	
	xlink:title	xlink:titleAttrType			可选	
	xlink:type	xlink:typeType	简单		可选	

B.2.14 复杂类型—GenericFeatureType（通用要素类型）

命名空间	http://www.iho.int/S124/gml/cs0/0.1
图表	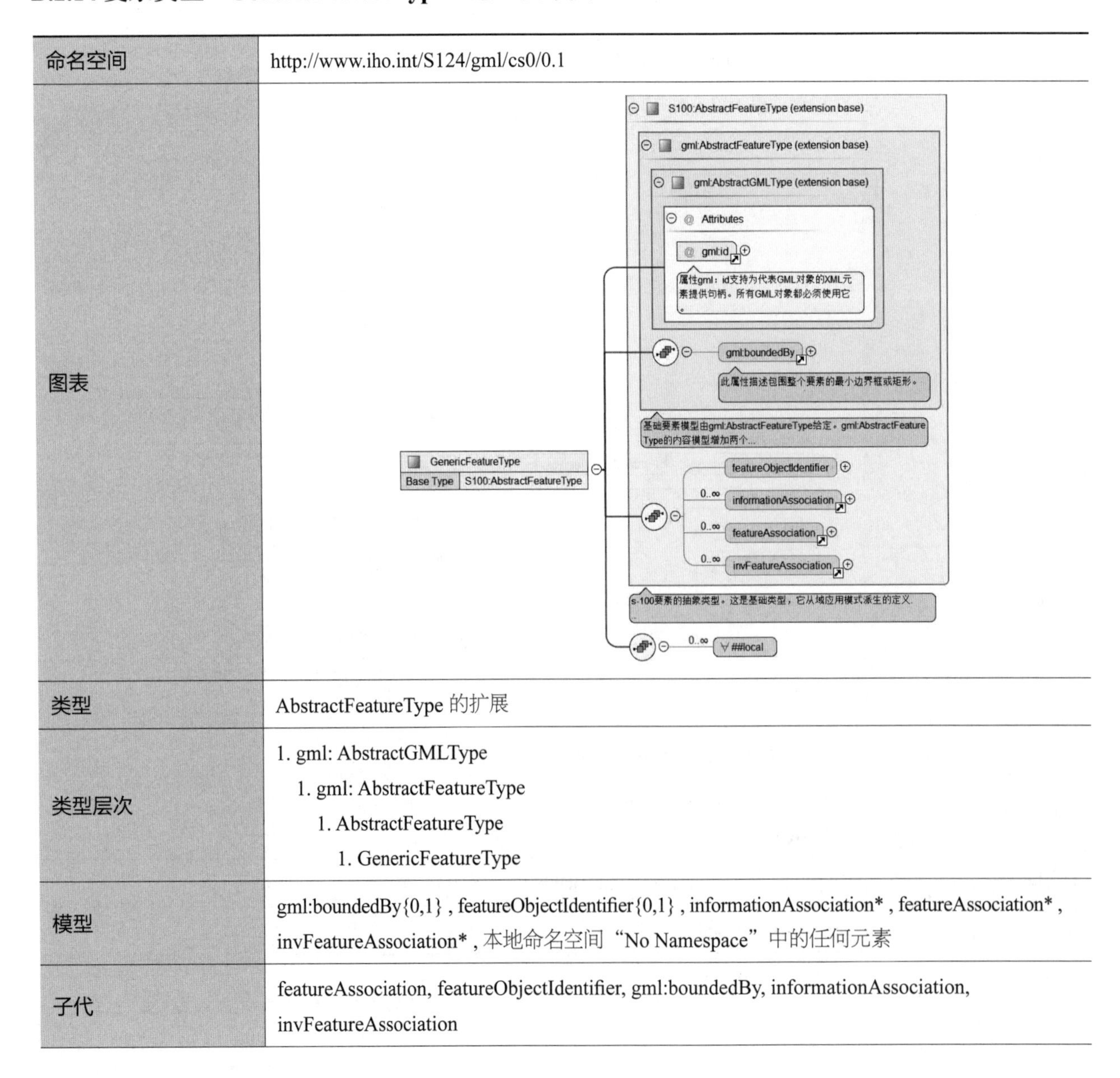
类型	AbstractFeatureType 的扩展
类型层次	1. gml: AbstractGMLType 1. gml: AbstractFeatureType 1. AbstractFeatureType 1. GenericFeatureType
模型	gml:boundedBy{0,1} , featureObjectIdentifier{0,1} , informationAssociation* , featureAssociation* , invFeatureAssociation* , 本地命名空间 “No Namespace” 中的任何元素
子代	featureAssociation, featureObjectIdentifier, gml:boundedBy, informationAssociation, invFeatureAssociation

属性	Q 名称	类型	使用
	gml:id	ID	必需
		属性“gml:id”支持为表示 GML 对象的 XML 元素提供一个句柄。所有 GML 对象都必须使用它。它具有 XML 类型 ID，因此在 XML 文档中必须是唯一的	

B.3　简单类型

B.3.1　简单类型—富余水深用途分类的类型（underKeelClearancePurposeTypeType）

命名空间	http://www.iho.int/S124/gml/cs0/0.1		
注记	UKC 通行计划的相关阶段		
图表	underKeelClearancePurposeTypeType —— xs:string UKC通行计划的相关阶段 内置基本类型。字符串数据类型表示XML中的字符串。		
类型	限制为 xs:string		
面元	枚举	预备计划	示意性的 UKC 计划，可在计划通过 UKCM 地区之前的几天、几周或几个月，根据指定的船舶吃水深度，给出潜在的航行窗口
	枚举	实际计划	详细的 UKC 计划，在经过 UKCM 区域之前的几小时或几天，给出航行窗口以及不可通航区和基本不可通航区，并整合实时气象数据
	枚举	实际更新	近实时的详细 UKC 计划，在船舶通过 UKCM 区域时，使用实时天气、船舶位置和交通数据，给出航行窗口以及不可通航区和基本不可通航区
使用者	元素	UnderKeelClearancePlanType / underKeelClearancePurposeType	

B.3.2　简单类型—富余水深计算类型的类型（underKeelClearanceCalculationTypeType）

命名空间	http://www.iho.int/S124/gml/cs0/0.1		
注记	UKC 计划目标的说明：找到通过 UKCM 区域的最大安全吃水深度；或是找到指定船舶吃水深度的航行窗口		
图表	underKeelClearanceCalculationTypeType —— xs:string UKC计划目标的说明：找到通过UKCM区域的最大安全吃水深度；或是找到指定船舶吃水深度的航行窗口。 内置基本类型。字符串数据类型表示XML中的字符串。		
类型	限制为 xs:string		
面元	枚举	时间窗口	给定吃水深度的可用时间窗口
	枚举	最大吃水深度	给定时间窗口的最大吃水深度
使用者	元素	UnderKeelClearancePlanType/ underKeelClearanceCalculationType	

附录 C　要素目录

“要素目录”（Feature catalogue，FC）是描述数据模型内容的文档，其中数据模型是现实的抽象，可用于描述地理数据集。S-129 的 FC 用 GML 描述了本产品规范条款 7.2 中的应用模式的详细信息，由 KHOA 代表 IHO 发布的 FCB（要素目录生成器）进行了验证。

C.1　目录标题信息

名称：S-129 要素目录

范围：动态富余水深管理信息

应用领域：富余水深管理

版本号：

版本日期：2018-10-19

生产商信息：

个人名称：

组织名称：国际海道测量组织

职位名称：

联系信息：

电话：

地址：

分发点	城市	行政区域	邮政编码	国家	电子邮箱地址
国际海道测量组织 4 Quai Antoine 1er，B.P. 445			MC 98011 MONACO CEDEX		

在线资源信息：

服务时间：

联系说明：

角色：使用者

密级：非保密

C.2　定义来源

目录中没有定义来源。

C.3 简单属性

C.3.1 生成时间

名称：生成时间

定义：

代码：'generationTime'

备注：

别名：（无）

值类型：Datetime

C.3.2 船舶 ID

名称：船舶 ID

定义：

代码：'vesselID'

备注：

别名：（无）

值类型：Text

C.3.3 源航线名称

名称：源航线名称

定义：

代码：'sourceRouteName'

备注：

别名：（无）

值类型：Text

C.3.4 源航线版本

名称：源航线版本

定义：

代码：'sourceRouteVersion'

备注：

别名：（无）

值类型：Text

C.3.5 最大吃水深度

名称：最大吃水深度

定义：

代码：'maximumDraught'

备注：

别名：

值类型：Real

C.3.6 超出 UKC 界限的距离

名称：超出 UKC 界限的距离

定义：

代码：'distanceAboveUKCLimit_m'

备注：

别名：

值类型：Real

C.3.7 最小比例尺

名称：最小比例尺

定义：

代码：'scaleMinimum'

备注：

别名：

值类型：Integer

C.3.8 预计通过时间

名称：预计通过时间

定义：

代码：'expectedPassingTime'

备注：

别名：

值类型：DateTime

C.3.9 预计通过速度

名称：预计通过速度

定义：

代码：'expectedPassingSpeed'

备注：

别名：

值类型：Real

C.4 枚举

C.4.1 富余水深（UnderKeelClearance）用途类型

名称：富余水深用途分类

定义：

代码：'UnderKeelClearancePurposeType'

备注：

别名：（无）

值类型：枚举

列举值

标签	定义	代码	备注
‘prePlan’ 别名：（无）	预备计划是一组潮汐窗口，可用于船舶以指定吃水深度通过 UKCM 运行区	1	
‘actualPlan’ 别名：（无）	实际计划是某条船在某 UKCM 运行区内的特定航行计划，其包含了一条由多个地理控制点确定的航线，每个控制点都附加了时间窗口，也含了不可通航区和基本不可航行区	2	
‘actualUpdate’ 别名：（无）	实际更新是替代的实际计划	3	

C.4.2 富余水深（UnderKeelClearance）计算要求

名称：富余水深计算要求

定义：

代码：'UnderKeelClearanceCalculationRequest'

备注：

别名：（无）

值类型：枚举

列举值

标签	定义	代码	备注
‘timeWindow’ 别名：（无）	给定吃水深度的可用时间窗口	1	
‘maxDraught’ 别名：（无）	给定时间窗口的最大吃水深度	2	

C.5 复杂属性

C.5.1 固定时间范围

名称：固定时间范围

定义：

代码：'fixedTimeRange'

备注：

别名：（无）

子属性

子属性	类型	多重性	允许值	有序
开始时间（timeStart）	日期时间			否
结束时间（timeEnd）	日期时间			否

C.6 角色

C.6.1 关联

关联（名称）：（无）

定义："UnderKeelClearancePlanNonNavigable"（富余水深非通航）类和"UnderKeelClearancePlan"（富余水深计划）类之间的关联。

角色类型：聚合

代码：<S100FC:featureBinding> ~ </S100FC:featureBinding>

多重性：0..*/1

角色："构成 / 包含"

要素类型：UnderKeelClearancePlanNonNavigable/UnderKeelClearancePlan

备注：必须存在于具有连接关系的所有要素类型之中。"要素类型"属性内容是目标要素。

关联（名称）：（无）

定义："UnderKeelClearanceAlmostNonNavigableArea"（富余水深基本不可通航区）类和"UnderKeelClearancePlan"（富余水深计划）类之间的关联。

角色类型：聚合

代码：<S100FC:featureBinding> ~ </S100FC:featureBinding>

多重性：0..*/ 1

角色："构成 / 包含"

要素类型：UnderKeelClearanceAlmostNonNavigableArea/UnderKeelClearancePlan

备注：必须存在于具有连接关系的所有要素类型之中。"要素类型"属性内容是目标要素。

关联（名称）：（无）

定义："UnderKeelClearanceControlPoint"（富余水深控制点）类和"UnderKeelClearancePlan"（富余水深计划）类之间的关联

角色类型：聚合

代码：<S100FC:featureBinding> ~ </S100FC:featureBinding>

多重性：0..*/ 1

角色：“构成 / 包含”

要素类型：UnderKeelClearanceControlPoint / UnderKeelClearancePlan

备注：必须存在于具有连接关系的所有要素类型之中。“要素类型”属性内容是目标要素。

C.6.2 包含（Component of）

名称：包含

定义：一个指示符，指向“整体 - 部分”关系中整体端。

代码：‘componentOf'

备注：可能需要与 S-101 小组和 GI 注册系统管理者讨论定义。

别名：（无）

C.6.3 构成（Consists of）

名称：构成

定义：一个指示符，指向“整体 - 部分”关系中部分端。

代码：'consistsOf'

备注：可能需要与 S-101 小组和 GI 注册系统管理者讨论定义。

别名：（无）

C.7 要素类型

C.7.1 UnderKeelClearancePlan（富余水深计划）

名称：富余水深计划

抽象类型：真

定义：此要素是 UKCM 信息的元要素

代码：'UKCP'

备注：

别名：（无）

超类型：元要素类型

要素使用类型：元

允许单形：非几何图形

属性绑定

属性（英文）	属性（中文）	类型	多重性	允许值	序列
generationTime	生成时间	简单			否
vesselID	船舶 ID	简单			否
sourceRouteName	源航线名称	简单			否
SourceRouteVersion	源航线版本	简单			否
maximumDraught	最大吃水深度	简单			否
UnderKeelClearancePurposeType	富余水深计算请求	枚举		1：prePlan 预备计划 2：actualPlan 实际计划 3：actualUpdate 实际更新	否
UnderKeelClearanceCalculationRequested	请求的富余水深计算	枚举		1：timeWindow 时间窗口 2：maxDraught 最大吃水深度	否
fixedTimeRange	固定时间范围	复杂			否

C.7.2 UnderKeelClearanceNonNavigableArea（富余水深不可通航区）

名称：富余水深不可通航区

抽象类型：否

定义：不可通航区

代码：'UnderKeelClearanceNonNavigableArea'

备注：

别名：（无）

超类型：要素类型

要素使用类型：地理

允许几何单形：曲面

属性绑定

属性（英文）	属性（中文）	类型	多重性	允许值	有序
scaleMinimum	最小比例尺	简单			否

C.7.3 UnderKeelClearanceAlmostNonNavigableArea（富余水深基本不可通航区 ）

名称：富余水深基本不可通航区

抽象类型：否

定义：基本不可通航区

代码：'UnderKeelClearanceAlmostNonNavigableArea'

备注：

别名：（无）

超类型：要素类型

要素使用类型：地理

允许几何单形：曲面

属性绑定

属性（英文）	属性（中文）	类型	多重性	允许值	有序
scaleMinimum	最小比例尺	简单			否
distanceAboveUKCLimit_m	超出 UKC 界限的距离 _m	简单			否

C.7.4 UnderKeelClearanceControlPoint（富余水深控制点）

名称：富余水深控制点

抽象类型：否

定义：富余水深控制点

代码：'UnderKeelClearanceControlPoint'

备注：

别名：（无）

超类型：要素类型

要素使用类型：地理

允许几何单形：点

属性绑定

属性（英文）	属性（中文）	类型	多重性	允许值	有序
Name	名称	简单	0..1		否
distanceAboveUKCLimit_m	超出 UKC 界限的距离 _m	简单	0..1		否
expectedPassingTime	预计通过时间	简单	0..1		否
expectedPassingSpeed	预计通过速度	简单	0..1		否
fixedTimeRange	固定时间范围	复杂	0..1		否

附录 D　图示表达目录

“Portrayal Catalogue”（PC，图示表达目录）为 GML 格式的 S-129 UKCM 提供可机读的图示表达函数，用于显示数据模型要素。该图示表达目录已由 KHOA 代表 IHO 发布的 PCB（图示表达目录生成器）验证。

D.1　目录标题信息

名称：S-129 图示表达目录

范围：动态富余水深管理信息

应用领域：富余水深管理

版本号：

版本日期：2018-10-19

生产商信息：

个人名称：

组织名称：国际海道测量组织

职位名称：

联系信息：

电话：

地址：

分发点	城市	行政区域	邮政编码	国家	电子邮箱地址
国际海道测量组织，4 quai Antoine 1er, B.P. 445			MC 98011 MONACO CEDEX		

在线资源信息：

服务小时数：

联系说明：

角色：使用者

密级：非保密

D.2　定义来源

目录中没有定义来源。

D.3 颜色配置文件

D.3.1 UKC 颜色配置文件

名称：UKC 颜色配置文件

说明：UKC 信息的颜色配置文件

ID：UKCColorProfile

语言：en（英语）

备注：

文件名：colorProfile.xml

文件类型：ColorProfile（颜色配置文件）

文件格式：XML

D.4 符号

D.4.1 控制点

名称：控制点

说明：UKC 的控制点

ID：CP

语言：en（英语）

备注：

文件名：CP.svg

文件类型：符号（Symbol）

文件格式：SVG

D.5 线型

（无说明）

D.6 面填充

D.6.1 基本不可通航区

名称：基本不可通航区

说明：

ID： ANARemarks

文件名：ANA.xml

文件类型：AreaFill（面填充）

文件格式：XML

D.6.2 不可通航区

名称：不可通航区

说明：

ID：ANA

备注：

文件名： NNA.xml

文件类型：AreaFill（面填充）

文件格式：XML

D.7 字体

（无说明）

D.8 可视组

（无说明）

D.9 规则

D.9.1 主规则集

名称：主规则集

说明：

ID：main

备注：

文件名：main.xsl

文件类型：Rule（规则）

文件格式：XSLT

规则类型：TopLevelTemplate（顶层模板）

D.9.2 控制点

名称：控制点

说明：

ID：controlpoint

备注：

文件名：ControlPoint.xsl

文件类型：Rule（规则）

文件格式：XSLT

规则类型：SubTemplate（子模板）

D.9.3 信息框

名称：信息框

说明：

ID：InformationBox

备注：

文件名：InformationBox.xsl

文件类型：Rule（规则）

文件格式：XSLT

规则类型：SubTemplate（子模板）

D.9.4 基本不可通航区

名称：基本不可通航区

说明：

ID：AlmostNonNavigableArea

备注：

文件名：AlmostNonNavigableArea.xsl

文件类型：Rule（规则）

文件格式：XSLT

规则类型：SubTemplate（子模板）

D.9.5 不可通航区

名称：不可通航区

说明：

ID：NonNavigableArea

备注：

文件名：NonNavigableArea.xsl

文件类型：Rule（规则）

文件格式：XSLT

规则类型：SubTemplate（子模板）

附件 E　数据有效性检核

E.1　引用文件

IHO S-58 电子海图有效性检核 6.0.0 版本 –2016（IHO S-58 ENC VALIDATION CHECKS Edition 6.0.0 – 2016）

E.2　缩写

PS—产品规范

DCEG—数据分类和编码指南

E.3　S-129 富余水深管理生产有效性检核

以下检核适用于 S-129 UKCM 数据集生产系统。检核可在生产阶段的任何时候进行。即使可以使用更严格的分类，所有检核也应视为警告。由于尚处于开发状态以及对 S-129 数据集的系统使用经验不足，将任何检核报告归类为错误或严重错误还为时过早。所有运算符和空间表达式在附录 F 中定义。

E.4　检核分类

C	严重错误	因未加载，或导致 ECDIS 崩溃或显示非航行安全数据而导致 ENC 无法在 ECDIS 中使用
E	错误	该错误可能因外观或可用性导致 ENC 的质量降低，但支持航行时不会造成重大危险
W	警告	可能是重复或不一致方面的错误，不会显著降低在 ECDIS 中的 ENC 可用性

E.5　检核应用

B	基础	对新数据集、新版和更新后数据集进行检核（在基础数据进行更新后进行）
U	更新	对独立的更新数据集进行检核
S	更新后	仅对更新后数据集进行更新检核（即在完成所有更新后进行）

数据集终止或作废不进行检核，除非检核说明明确指出其适用于终止或作废的情况。

E.6　与 UKCM 产品规范有关的检核

编号	检核说明	检核消息	检核解决方案	遵照	适用于
1	是否缺失某一必选属性	必选属性未进行编码	填充必选属性	DCEG 和 PS 7.2 应用模式	B
2	是否有某一必选属性存在，但其属性值未知的情况	必选属性已进行编码，但属性值未知	必须填充“GML nilReason”（GML 空缺原因）属性，给出省略的原因	PS 7.2 应用模式	B
3	属性类型为浮点型或整型的每个要素对象，其中值在第一个数字之前或最后一个数字之后包含 0	值已用非有效零填充 例如，2.5 秒的信号周期，“SIGPER”（信号周期）的值必须为 2.5，不是 02.500	去除非有效的零	PS 7.2 应用模式	B
4	要素实例之间、要素实例与信息实例之间以及信息实例之间的每个关联是否有未在要素目录中定义的情况	使用了错误的关联	使用正确的关联类型	逻辑一致性	B
5	关联上的每个角色名称是否有未在要素目录中定义的情况	使用了错误的角色	使用正确的角色名称	逻辑一致性	B
6	每个关联是否有未在要素目录中定义的情况	使用了未知的关联	使用要素目录中定义的关联	逻辑一致性	B
7	每个角色名称是否有未在要素目录中定义的情况	使用了未知的角色名称	使用要素目录中定义的角色名称	逻辑一致性	B
8	确保所有的关联类仅限要素目录所允许的类	类与非法关联相关联	确保在类之间使用正确的关联	逻辑一致性	B
9	确保每个角色名称仅与允许的关联一起使用	角色名称用于非法关联	确保在关联上使用正确的角色名称	逻辑一致性	B
10	确保数据集符合 GML 模式	数据集不符合 GML 模式	确保符合 GML 模式	附录 B 模式文档	B
11	交换集中的文件名是否符合产品规范	文件名不符合产品规范	修改文件名	逻辑一致性	B
12	未使用要素目录的有效要素类标签 / 代码来定义要素实例	对象具有无效的要素类代码	修改对象类代码	逻辑一致性	B

续表

编号	检核说明	检核消息	检核解决方案	遵照	适用于
13	未使用要素目录的有效要素类标签 / 代码来定义属性	属性具有无效的属性标签 / 代码	修改属性标签 / 代码	逻辑一致性	B
14	对于要素实例，包含要素类允许属性列表（在要素目录中已定义）之外的属性	要素类不允许使用的属性	删除属性	逻辑一致性	B
15	数据集中数据的顺序不正确	数据顺序不正确	修改数据顺序	逻辑一致性	B
16	对于属性实例，实例总数超过允许实例数量	属性实例过多	确保正确的属性编码	逻辑一致性	B
17	对于数据中每个引用文件的实例，在交换集中不存在	数据集中引用文件在交换集中不存在	将文件添加到交换集中或删除对文件引用	逻辑一致性	B
18	对于数据集发现元数据文件，与数据集发现元数据的内容表不对应	数据集发现元数据文件与数据集发现元数据内容表不对应	确保发现元数据文件的正确编码	逻辑一致性	B
19	对于数据集作废（终止）行为，系统上不存在相应数据集或已被作废	已终止的数据集不存在	忽略此更新	逻辑一致性	B，U
20	对于数据集作废（终止）行为，更新交换集包含对应的数据集文件	作废不可包含数据对象	从交换集中删除数据集文件或更正元数据	逻辑一致性	B，U
21	是否存在任何可选属性，其属性值未知或缺失	可选属性已进行编码，但属性值未知或缺失	当值未知或缺失时，删除可选属性	逻辑一致性	B
22	未根据数据集文件命名规则命名的数据集	数据集文件名不符合文件命名规则	根据命名约定重新命名	逻辑一致性	B
23	对于要素实例，其“FixedTimeRange”（固定时间范围）类型的每个要素实例，“timeStart”（开始时间）在“timeEnd”（结束时间）之后编码	要素的“timeStart”在“timeEnd”之后编码	确保“FixedTimeRange”的子属性“timeEnd”和“timeStart”符合逻辑	PS 7.2 应用模式	B

编号	检核说明	检核消息	检核解决方案	遵照	适用于
24	对于要素实例，其“FixedTimeRange”（固定时间范围）子属性“timeStart”（开始时间）为“notNull”（非空），且“timeEnd”（结束时间）为“Null”（空）或不存在	要素具有“timeStart”，但没有“timeEnd”值	填充“timeEnd”，或者删除“timeStart”	PS 7.2 应用模式	B
25	对于要素实例，其“FixedTimeRange”（固定时间范围）子属性“timeEnd”（结束时间）为“notNull”（非空），且“timeStart”（开始时间）为“Null”（空）或不存在的每个要素实例	对象具有“timeEnd”，但没有“timeStart”	填充“timeStart”，或者删除“timeEnd”	PS 7.2 应用模式	B
26	对于日期时间属性“generationTime”（生成时间）、“expectedPassingTime”（预计通过时间）、“timestart”（开始时间）和“timeEnd”（结束时间），其编码不符合格式要求	属性编码不符合属性类型格式	根据属性类型格式编码	PS 7.2 应用模式	B
27	对于“UnderKeelClearance”（富余水深），未关联“UnderKeelClearanceControlPoint”（富余水深控制点）	“UnderKeelClearancePlan”至少应当关联1个“UnderKeelClearanceControlPoint”	将“UnderKeelClearancePlan”与“UnderKeelClearanceControlPoint”关联进行关联	PS 7.2 应用模式	B

附录 F　几何

F.1　引言

F.1.1　ISO 19125-1:2004 几何

本部分定义了本附录中使用的 ISO 19125-2004 几何术语。

F.1.1.1　ISO 19125-1:2004 几何的定义

这些定义针对由 ISO 19125-1:2004 定义的几何单形，它们是单点、单线和单面几何对象：

1. Polygon（多边形）——多边形的几何维度为 2。它由边界及其内部组成，不仅是边界本身。它是由 1 个外部边界和 0 个或多个内部边界定义的简单平面。S-57 面要素的几何等效于多边形。

2. Polygon boundary（多边形边界）——多边形边界的几何维度为 1，它等效于 S-57 面要素使用的外环和内环。

3. LineString（线串）——线串是点之间具有线性插值的曲线。线串的几何维度为 1。它由一个或多个线段组成，每个线段由一对点定义。S-57 线要素的几何等效于线串。

4. Line（线）——ISO 19125-1:2004 线是一条恰好有 2 个点的“LineString”（线串）。值得注意的是，S-57 线要素使用的几何相当于线串，不同于 ISO 19125-1:2004 术语中的线。在本文中，“Line”（线）一词是指 S-57 线要素或“线串”，具有两个以上的点。

5. Point（点）——点的几何维度为 0。S-57 点要素的几何图形等效于 ISO 19125-1:2004 的点。

6. Reciprocal（相反）——反向相关或相反。

下表将 19125-1:2004 几何术语与 S-57 术语进行了对照：

ISO 19125-1:2004	S-57
Polygon（多边形）	面要素几何或面
Polygon boundary（多边形边界）	外环和内环
LineString（线串）	线要素几何或线
Point（点）	点要素几何或点

F.1.1.2　ISO 19125-1:2004 中使用的符号定义

I= 几何对象的内部

E= 几何对象的外部

B= 几何对象的边界

∩ = 集论的交集

U= 集论的并集

Λ = 且

Ú= 或

≠ = 不等于

Ø= 空集

a= 第一个几何，内部和边界（拓扑定义）

b= 第二个几何，内部和边界（拓扑定义）

dim= 几何维度——多边形为 2，线串为 1，点为 0

Dim（x）返回 x 中几何对象的最大维度（-1、0、1 或 2），其中数值 -1 对应 dim (Ø).

注：

内部和外部都不包括边界（即 I，E 和 B 是互斥的）。

多边形的边界是其外环和内环的集合。

线串的边界是其端点，但是闭合的线串除外，因为后者没有边界；线串的其余部分是它的内部。

点没有边界。

F.1.2 ISO 19125-1:2004 几何运算符关系

在 ISO 19125-1:2004（见引用文件 [1]）中，“维度扩展九交模型”（DE-9IM）定义了两个对象（多边形，线串和 / 或点）之间 5 种互斥的几何关系。任何两个给定的对象只有一种关系是真的（见引用文件 [2]）：

1. 包含于（WITHIN）
2. 交叉（CROSSES）
3. 相接（TOUCHES）
4. 相离（DISJOINT）
5. 重叠（OVERLAPS）

还有其他有助于进一步定义关系的定义：

1. 包含（CONTAINS）

- 与“包含于”（WITHIN）互为相反关系
- “包含于”是主要运算符；但是，如果 a 不包含于 b 内，则 a 可能包含 b，因此“包含”可能是对象之间的唯一关系。

2. 相等（EQUAL）

- 是“包含于”/“包含”的一个特例。

3. 相交（INTERSECTS）

- 与“相离”（DISJOINT）互为相反关系
- 至少有一个共同点

4. 覆盖（ COVERS）和被覆盖（ COVERED_BY）

- 互为相反运算符
- 分别扩展“包含”（CONTAINS）和“包含于”（WITHIN）

5. 重合（COINCIDENT）

值得注意的是，ISO 19125-1:2004 文档中没有描述“覆盖”（COVERS）、“被覆盖”（COVERED_BY）和“重合”（COINCIDENT）关系运算符。

本附录中给出的公式（例如，a.Disjoint(b) $\Leftrightarrow$ a $\cap$ b = $\varnothing$）是针对 ISO 19125-1 给出的通用公式，而不是更具体的 DE-9IM 公式（即 DE-9IM 谓词）。通用公式使用拓扑闭包表示法（即几何体包括内部和边界，除非另有说明），DE-9IM 公式分别指几何体的内部和边界。值得注意的是，描述 19125-1 的文件不同版本给出的通用公式不同——本附录使用的公式与 DE-9IM 谓词最为一致。如果通用公式与 ISO 19125-1:2004 中定义的 DE-9IM 谓词矛盾，则以 DE-9IM 谓词为准。软件应与 DE-9IM 谓词一致。

F.1.3 几何关系如何应用于 S-57 要素

几何关系的测试是通过将整个 S-57 要素对象视为单个几何体进行的。值得注意的是，S-57 中的要素几何图形“Point”（点），“Line”（线）和“Area”（面）分别等同于在 ISO 19125-1:2004 中的几何图形“Point”（点），“LineString”（线串）和“Polygon”（多边形）。

S-57 中的线要素可能由若干独立的边构成。与线要素一起使用的几何关系运算符会将一组边视为单一几何图形（“LineString” [线串]）。

对面要素的测试将在整个多边形上进行。

在 S-57 文件中，由于来自数据源的裁切操作，线或面要素可能会分为几部分。在这种情况下，测试几何关系时，数据集中的每个要素记录将被视为单独的“线串”或“多边形”。

如果测试仅打算在要素的特定成分上进行操作，如多边形边界（所有环）、多边形外环、多边形内环、边、顶点或节点，则必须在测试说明中明确指出。如果在测试中指定了特定的线性部分（多边形边界、边），则将其视为线串，而将单个顶点或点视为点。

例如，A 类对象与 B 类对象的“重叠”（OVERLAPS）测试将是在整个几何上运行。当测试 A 类面对象边界与 B 类线对象的边是否存在重叠（OVERLAPS）时，使用线对线方法对面的边界与边进行比较。

F.2 几何运算符定义

本节中引用的 ISO 19125-1 定义，请参阅 ISO 19125-1:2004 文档第 6.1.14.3 节，标题为“基于 DE-9IM 的命名空间关系谓词”。

在此附录中的图表中，“LineString”（线串）对应于 S-57 中的“Line”（线）几何单形。

F.2.1 相等（EQUALS）

几何对象 a 在空间上等于几何对象 b。

这两个几何对象是相同的。这是“包含于”（WITHIN）的一个特例。

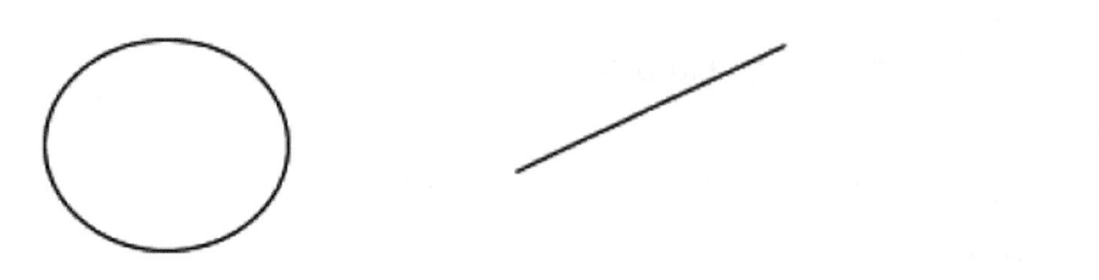

图F-1 相等关系示例

注释　ISO 19107:2003 更正式地将“相等”（equality）描述为：

对于两个不同的“GM_Object”（对象），如果对其坐标参照系有效范围内的所有“DirectPosition”（直接位置），执行“GM_Object:: contains”操作都能返回相同值，那么它们是相等的。

注释　由于无法测试无数个直接位置，因此“相等”的内部实现必须依靠两个对象之间（可能完全不同）等效性的测试。该测试可能受限于坐标系的分辨率或数据的准确性。应用模式可以定义一个阈值，如果两个“GM_Object”（对象）具有相同的维度，且两个“GM_Object”中相应直接位置在距离阈值内，则可以返回真值。

在 S-129 中，“GM_Object”（对象）是 F.1.1.1（多边形、线串和点）中所述的任何空间对象。空间对象始终等于其自身，即 a 相等于 a 始终为“真”。

F.2.2　相离（DISJOINT）

几何对象 a 和几何对象 b 不相交。

这两个几何对象没有公共点。

ISO 19125-1 对“相离”（DISJOINT）的定义是：

$$\boldsymbol{a}.Disjoint(\boldsymbol{b}) \Leftrightarrow \boldsymbol{a} \cap \boldsymbol{b} = \varnothing$$

这表示：如果 a 和 b 的交集为空集，则 a 与 b 相离。

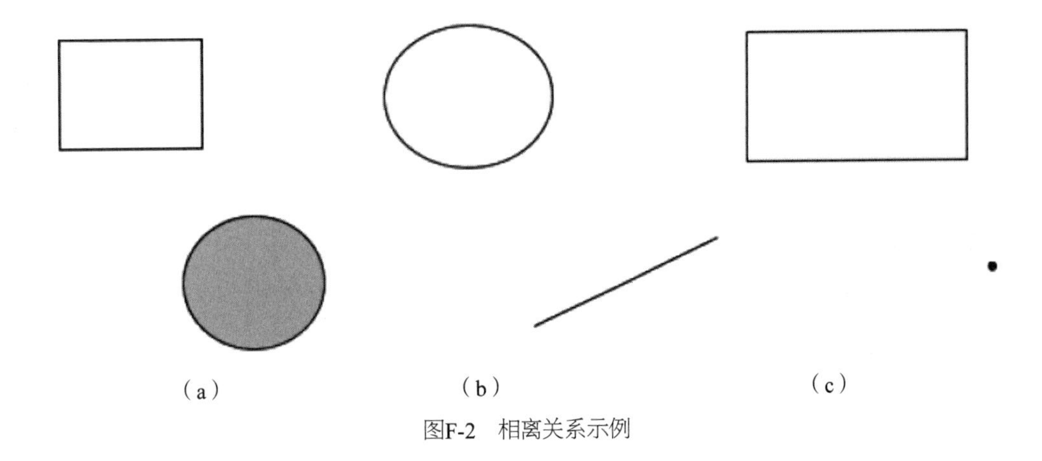

图F-2　相离关系示例

F.2.3　相接（TOUCHES）

几何对象 a 与几何对象 b 相接，但它们不共享内部点。

一个几何只有边界与另一几何的边界或内部相交。

几何对象唯一的共同点在于它们边界的并集。

ISO 19125-1 对“相接”（TOUCHES）的定义是：

$$\boldsymbol{a}.Touch(\boldsymbol{b}) \Leftrightarrow (I(\boldsymbol{a}) \cap I(\boldsymbol{b}) = \varnothing) \wedge (\boldsymbol{a} \cap \boldsymbol{b}) \neq \varnothing$$

这表示：如果 a 内部和 b 内部的交集为空集且 a 和 b 的交集不是空集，则 a 与 b 相接。

注释　此运算符适用于面 / 面、线 / 线、线 / 面、点 / 面和点 / 线关系。由于点没有边界，因此不

适用于点 / 点关系。

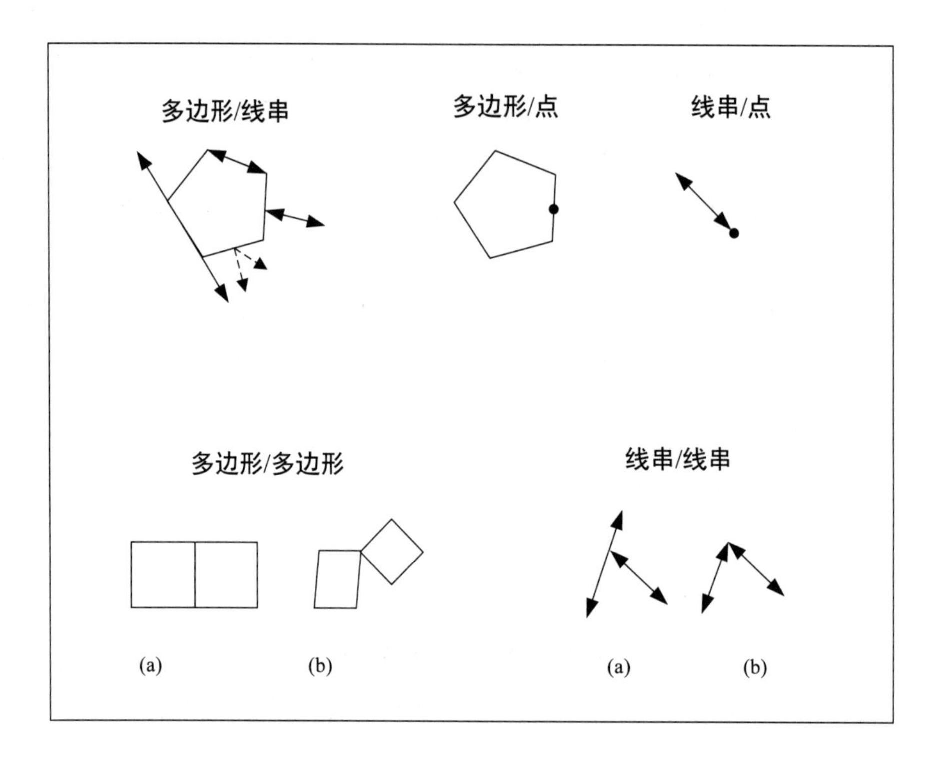

图F-3　相接关系示例

值得注意的是，多边形与多边形相接示例（a）也是一种多边形边界“重合”（COINCIDENT）的情况。在多边形 / 线串示例中，共享多边形边界线性部分的两个线串也是与多边形边界“重合”（COINCIDENT）的。

F.2.4　包含于（WITHIN）

几何对象 a 完全包含在几何对象 b 中。

“包含于（WITHIN）”包括“相等（EQUALS）”。

“包含于”（WITHIN）的定义是：

$$\boldsymbol{a}.Within(\boldsymbol{b}) \Leftrightarrow (\boldsymbol{a} \cap \boldsymbol{b}=\boldsymbol{a}) \wedge (I(\boldsymbol{a}) \cap I(\boldsymbol{b}) \neq \varnothing)$$

这表示：如果 a 和 b 的交集等于 a，且 a 的内部和 b 的内部的交集不是空集，则 a 包含于 b。

值得注意的是，该公式与“OpenGIS SQL 简单要素规范（修订版 1.1）”中给出的公式相匹配（OpenGIS 项目文档 99-049，发布日期：1999 年 5 月 5 日），这是 ISO 19125-1 的前身。

请注意，完全落在多边形边界上的线不“包含于”多边形，而是与多边形“相接”。在这种情况下，它也将与多边形边界“重合”和被此多边形“覆盖”。

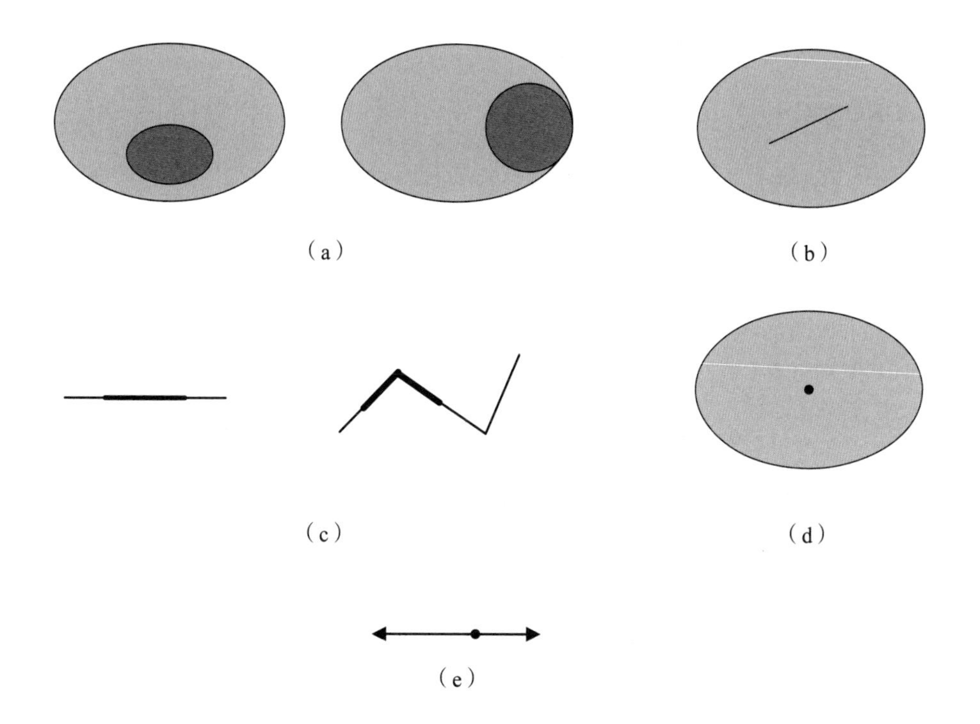

图F-4 “包含于”关系的示例——多边形/多边形(a)，P多边形/线串(b)，线串/线串(c)，多边形/点(d)，和线串/点(e)

F.2.5 重叠（OVERLAPS）

具有相同维度的两个几何对象相交时，会产生具有相同维度的一个对象，但这个对象与它们两者都不相同。

对于两个多边形或两个线串，每个几何的一部分（但不是全部）彼此共享。

“重叠”关系为面 / 面和线 / 线关系定义。点关系是相等或相离。

请注意，这不包括跨越的线。

ISO 19125-1 对“重叠”（OVERLAPS）的定义是：

$$\boldsymbol{a}.Overlaps(\boldsymbol{b}) \Leftrightarrow (dim(I(\boldsymbol{a})) = dim(I(\boldsymbol{b})) = dim(I(\boldsymbol{a}) \cap I(\boldsymbol{b}))) \wedge (\boldsymbol{a} \cap \boldsymbol{b} \neq \boldsymbol{a}) \wedge (\mathrm{a} \cap \boldsymbol{b} \neq \boldsymbol{b})$$

这解释为：如果几何维度为下列情形，则 a“重叠”b：

1. a 的内部

2. b 的内部

3. a 和 b 内部的交集都相等且 a 和 b 的交集不等于 a 或 b

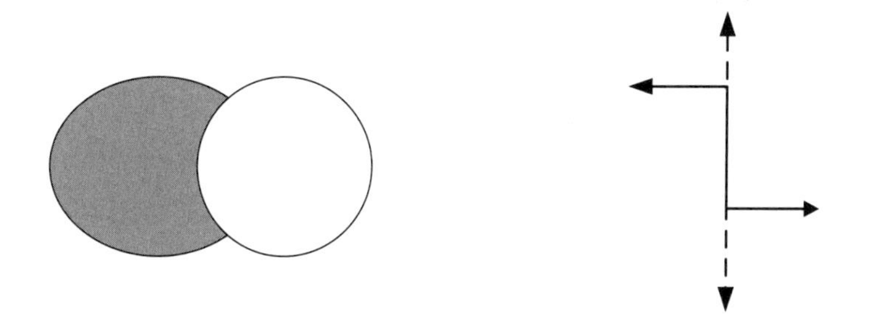

图F-5 重叠关系示例

请注意，“重叠”（OVERLAP）的线也是“重合”（COINCIDENT）的。

F.2.6 交叉（CROSSES）

几何对象 a 和几何对象 b 相交，其交集的几何维度小于 a 和 b 之间的最大维度，但与几何对象 a 或 b 不相同。

如果两个线串在某个内部点相遇，则它们彼此“交叉”（CROSSES）。如果部分线串在多边形内部，部分在多边形外，则线串“交叉”多边形。

“交叉”（CROSSES）的定义是：

$$\boldsymbol{a}.Cross(\boldsymbol{b}) \Leftrightarrow (I(\boldsymbol{a}) \cap I(\boldsymbol{b}) \neq \emptyset) \wedge (dim(I(\boldsymbol{a}) \cap I(\boldsymbol{b})) < max(dim(\mathrm{I}(\boldsymbol{a})), dim(\mathrm{I}(\boldsymbol{b})))) \wedge (\boldsymbol{a} \cap \boldsymbol{b} \neq \mathrm{a}) \wedge (\boldsymbol{a} \cap \boldsymbol{b} \neq \boldsymbol{b})$$

这意味着：如果 a 和 b 内部的交集不是空集，且 a 和 b 内部交集的维度小于 a 和 b 内部之间的最大维度，且 a 和 b 的交集不等于 a 或 b，则 a 与 b 交叉。

请注意“$[I(\boldsymbol{a}) \cap I(\boldsymbol{b}) \neq \emptyset]\ \wedge$”已添加到 ISO 19125-1 公式的开头，因此对于相离的几何，它不为真。

“交叉”运算符仅适用线 / 线和线 / 面关系。

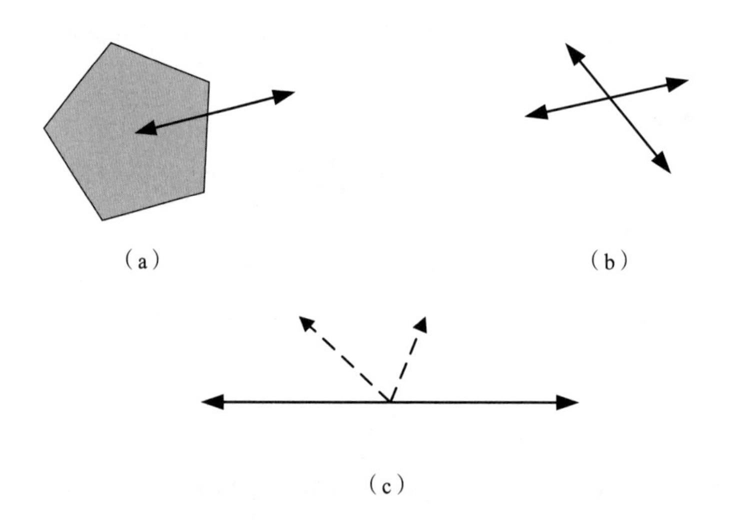

图F-6 交叉关系示例

值得注意的是，示例（c）显示了一条实线和一条虚线，它们的内部相交。如果在相交点将任何线分为两个单独的线要素，则该关系为“相接”（TOUCHES），因为这涉及到边界。

F.2.7 相交（INTERSECTS）

与“相离”（DISJOINT）互为相反关系。

两个几何对象交叉、重叠或相接，或一个包含于另一个（或由另一个包含）。它们至少有一个共同点。

F.2.8 包含（CONTAINS）

与“包含于”（WITHIN）互为相反关系。

给定两个几何对象 a 和 b，如果 a 包含于 b，则 b 必须包含 a。

F.2.9 被覆盖（COVERED_BY）

（非标准 ISO 19125-1 运算符）

几何 a 的任意一点都不在几何 b 之外。

“被覆盖”（COVERED_BY）的定义是：

$$a.COVERED\_BY\ (b) \Leftrightarrow (a \cap b = a)$$

这表示：如果 a 和 b 的交集等于 a，则 a 被 b 覆盖。以下表达相当于 a 被 b 覆盖：

1. 多边形（a）被多边形（b）覆盖：多边形 a“包含于”多边形 b（“包含于”包括“相等”）。

2. 点（a）被多边形（b）覆盖：点 a“包含于”多边形 b 或与多边形 b“相接”。

3. 线（a）被多边形（b）覆盖：线 a“包含于”多边形 b，或“包含于”多边形 b 的边界。

4. 线（a）被线（b）覆盖：线 a“包含于”线 b（“包含于”包括“相等”）。

5. 点（a）被线（b）覆盖：点 a“包含于”线 b 或与线 b“相接”。

6. 点（a）被点（b）覆盖：点 a 与点 b“相等”。

值得注意的是，左下图为线被多边形覆盖的示例。

右图不是线被多边形覆盖的示例，而是线与多边形相接的示例。在这两种情况下，线都与多边形边界重合。

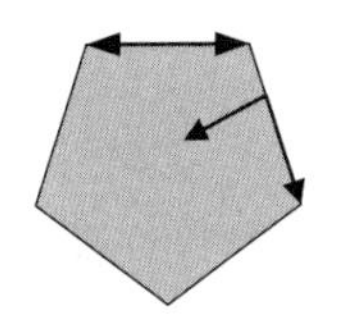

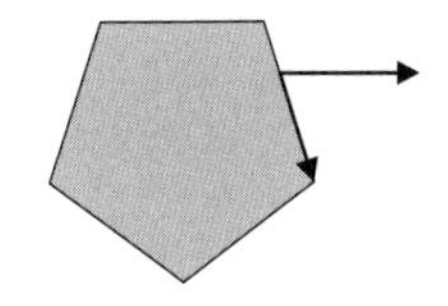

线串被多边形覆盖　　线串不被多边形覆盖，而与其相接

图F-7　被覆盖（COVERED_BY）关系

F.2.10 覆盖（COVERS）

（非标准 ISO 19125-1 运算符）

“覆盖”（COVERS）与“被覆盖”（COVERED_BY）互为相反关系。

给定两个几何对象 a 和 b，如果 a 被 b 覆盖，则 b 必须覆盖 a。

（非 ISO 19125-1 运算符）

F.2.11 重合（COINCIDENT）

两条几何线“重叠”（OVERLAP）或一条几何线“包含于”（WITHIN）另一条几何线。值得注意的是，根据此定义，“相等”（EQUAL）的线也是“重合”（COINCIDENT）的。

两条几何线相交产生一条或多条线。

该运算符仅用于一条线与另一条线的比较。请注意，通常多边形的边界与线不同，但是对于此运算，多边形的边界（外环和内环）被视作进行“重合”（COINCIDENT）测试的线。

以下表达相当于 a 与 b“重合”：

1. 多边形（a）与多边形（b）重合：多边形 a 的边界与多边形 b 的边界“重叠”，或多边形 a 的边界“包含于”多边形 b 的边界。

2. 线（a）与多边形（b）重合：线 a 与多边形 b“重叠”，或“包含于”多边形 b 的边界。

3. 线（a）与线（b）重合：线 a 与线 b“重叠”，或“包含于”线 b。

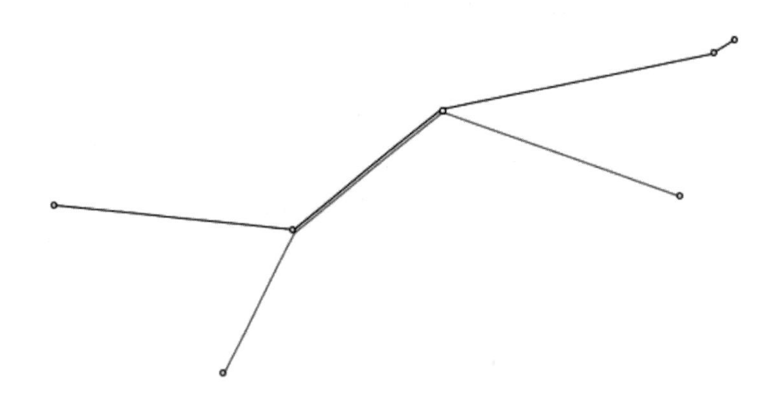

图F-8　重合关系示例（线状几何）

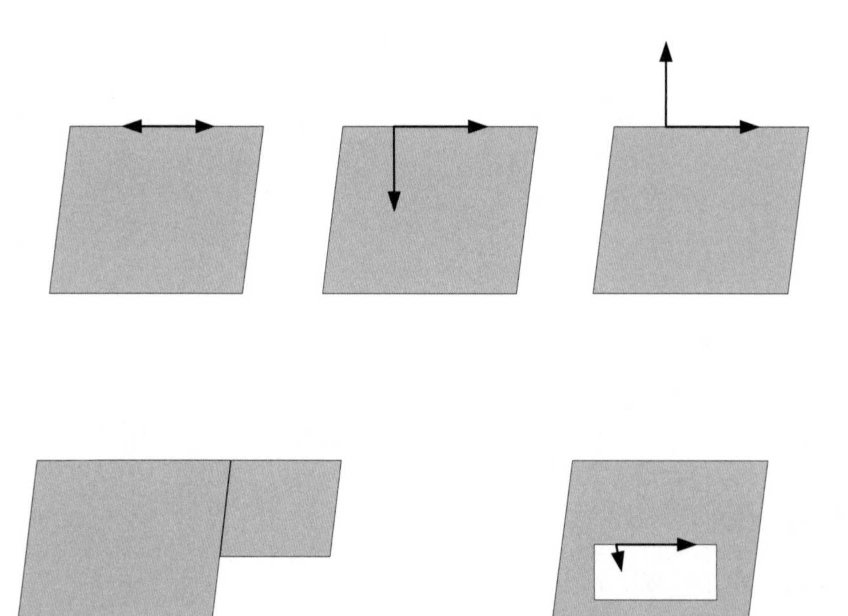

图F-9　重合关系示例（多边形边界）

上图是与多边形边界“重合”（COINCIDENT）的其他对象示例。线串沿着多边形边界的一部分或多边形共享一部分边界。

值得注意的是，根据定义，线可以与多边形内部边界重合。

值得注意的是，其他关系也可能是正确的，例如“被覆盖”或“相接”，因为“重合”不与其互斥。

F.3　参考文献